众源影像摄影测量

单 杰 邓 非 陶鹏杰 刘玉轩 著

科学出版社

北 京

内 容 简 介

本书全面系统地论述众源影像获取技术与方法和利用众源影像进行地理信息提取的摄影测量理论与方法,并介绍众源影像几何定位、众源影像密集匹配、众源影像配准方法与众源影像建模方法。全书共 6 章,第 1 章综合论述众源影像摄影测量的技术与方法;第 2 章介绍众源影像的获取技术与方法;第 3 章论述众源影像的几何定位方法,并介绍常用工具与软件;第 4 章论述生成众源影像三维点云的密集匹配方法;第 5 章论述众源影像与全景影像、地图数据、街景模型和激光点云配准的理论和方法;第 6 章论述利用众源影像进行三维建模的方法。

本书面向测绘遥感、地理信息、计算机视觉等相关专业,可作为科研工作者的工具书或参考书,也可作为高等院校本科生或研究生的教材或参考书。

图书在版编目(CIP)数据

众源影像摄影测量/单杰等著. —北京:科学出版社,2019.6

ISBN 978-7-03-061405-6

Ⅰ.①众… Ⅱ.①单… Ⅲ.①摄影测量学 Ⅳ.①P23

中国版本图书馆 CIP 数据核字（2019）第 107200 号

责任编辑:杨光华 / 责任校对:高 嵘
责任印制:彭 超 / 封面设计:苏 波

科 学 出 版 社 出版

北京东黄城根北街 16 号
邮政编码:100717
http://www.sciencep.com

武汉精一佳印刷有限公司印刷

科学出版社发行 各地新华书店经销

*

2019 年 6 月第 一 版 开本:787×1092 1/16
2019 年 6 月第一次印刷 印张:12
字数:282 000

定价:128.00 元
(如有印装质量问题,我社负责调换)

前　　言

　　众源影像是指由大众使用智能手机或普通数码相机等消费级设备拍摄，并通过互联网共享的带有地理信息的数字影像，它的出现为多尺度地理信息的获取提供了更加广泛的数据源。普通数码相机、智能手机等消费级硬件设备的发展与普及加速了众源影像的获取，而互联网技术作为信息传播的媒介使得众源影像的传播与共享成为现实。2009年，美国华盛顿大学的 GRAIL 成功完成了著名的"一日重建罗马"，之后众源影像便越来越多地应用于城市三维重建、灾区应急地理信息获取、损坏文物的数字化重建等方面。在当前互联网与大数据时代背景下，众源影像已经成为一种新型的地理信息影像数据。

　　相比于传统的摄影测量影像，众源影像虽然具有开放、低成本、易获取的优点，但是它的不规则性、多源异质与异构性给基于众源影像的信息提取带来了困难与挑战，不能简单套用现有成熟的基于航空影像的摄影测量方法。针对众源影像这种新型影像数据，尽管目前有不少研究，但是较为分散，国内仍然缺乏系统论述利用众源影像进行摄影测量处理从而获取三维地理信息的书籍。本书依托国家自然科学基金项目"基于众源影像的三维街景模型增强"（项目编号：41271431），以众源影像的数据集成获取、几何处理、三维重建为切入点，系统地论述众源影像的摄影测量处理理论与方法。

　　本书以我们在众源影像方面的研究为基础，对此进行归纳、总结，按照"数据—处理—信息"这一众源影像摄影测量处理流程，提出针对众源影像的摄影测量框架，并对各个流程进行详细地论述。第 1 章介绍众源影像的概念、特点和应用、众源影像三维建模关键技术及问题，以使读者可以宏观了解众源影像摄影测量所涉及的内容；第 2 章论述众源影像的集成与检索方法、下载与管理策略、冗余数据的过滤和检索性能评价指标与方法,这是摄影测量处理的基础;第3章论述众源影像几何定位方法,重点介绍适用于众源影像的特征提取、影像匹配与光束法区域网平差方法,并介绍常见的开源与商业化软件;第4章论述众源影像密集匹配方法,内容包括双目影像立体匹配、多视影像密集匹配,介绍的方法完整涵盖局部匹配、半全局匹配和全局匹配;第5章综合论述众源影像与已有的多种类型数据的配准方法,包含全景影像、地图、街景和激光点云数据,实现多源信息的融合;第6章论述众源影像三维建模形成三维表面模型和单体化模型的方法。

各章的主要撰写人员分别为:第1章,单杰、刘玉轩;第2章,单杰、谢曹东、崔萌;第3章,刘玉轩、陶鹏杰;第4章,陶鹏杰、侯耀林;第5章,邓非、张慎满;第6章,单杰、邓非、闫吉星、陶鹏杰、张慎满。本书由单杰指导刘玉轩完成统稿,最后由单杰对全书进行定稿。

在本书的准备过程中,张志超、李欣、陈智勇和黄玉春等提供了建议和帮助,在此表示感谢。

由于作者水平有限,书中难免存在疏漏,敬请各位读者不吝指正。

作　者

2019 年 5 月

目　　录

第 1 章

众源影像概述

　　众源影像是指由大众使用智能手机或普通数码相机拍摄并通过互联网共享的带有地理坐标的数字影像，其中包含大量时效性好、位置灵活的街景信息。本章将主要介绍利用众源影像进行三维建模的技术和方法。首先，概括地描述众源影像的概念和特点；其次，对众源影像三维建模的主要应用进行介绍；最后，指出众源影像三维建模过程中遇到的问题以及解决方案。本章将有助于读者对众源影像三维建模有一个宏观的认识，为下面章节的阅读奠定基础。

1.1　众源影像的概念和特点

数字城市的概念一经提出就引起了世界各国政府的高度重视,而且随着信息化时代的到来,数字城市建设日益成为各国高科技发展和城市建设关注的重点(关丽 等,2017;李德仁 等,2011;薛凯,2011)。"十五"期间(2001–2005),国家正式批准将"城市规划、建设、管理与服务的数字化工程"列为国家重点科技攻关项目;"十一五"期间(2006–2010),国家颁布了《2006–2020 年国家信息化发展战略》,加快了数字城市的实践步伐;"十二五"规划纲要(2011–2015)指出"全面提高信息化水平,推动信息化和工业化深度融合,加快转变经济发展方式,坚持走资源节约型、环境友好型、全面协调可持续的科学发展道路"。目前,数字城市已经成为我国政府科学决策的重要工具、社会综合管理的有效平台、百姓生活质量提高的得力助手、城市信息化水平的重要标志和城市现代化的展示窗口。而作为其重要基础设施的城市三维空间模型,其需求也随着数字城市的快速发展而日益增长。

数字城市的全面建设需要多尺度的传感器(关丽 等,2017;李德仁 等,2016;Blaschke et al., 2011)。航空航天遥感技术为数字城市提供宏观的鸟瞰信息,新近出现的以移动测量车为代表的地面传感技术则为数字城市提供街景信息,两者互为必要的补充。尽管地面移动测量技术已在各国的数字城市建设中得到越来越广泛的应用,但仍存在以下问题:①在测量车不能通行的区域,街景数据难以完整地采集,即会出现缺失;②由于街景中行人、树木和车辆等目标的存在,街景数据中存在大量遮挡;③街景数据多由政府或公司组织专业人员进行采集,成本高、周期长、现势性差。如 2011 年完成的"数字泰州"国家测绘地理信息局项目,历时 2 年,覆盖面积 5 793 km²,其中,中心城区 434 km²,可量测实景影像采集道路总里程达 1 142 km,影像总数 1 898 670 张,数据采集时间 4 个月,耗资约110 万元;对于非临街或车辆难以到达的地点,仍需专业人员采用专门的摄影测量设备进行大量分散式的实地采集。

众源影像(public images 或 crowdsourcing images)的出现为街景信息获取提供了更广泛的数据源。在这里,众源影像是指由大众使用智能手机或普通数码相机拍摄并与大众共享的带有地理位置的数字影像。近年来,随着手机硬件技术的发展,大量智能手机嵌入了摄像头、GPS、加速度计、电子罗盘等简易传感器。基础通信设施的升级和手机市场的完善使智能手机逐渐成为大众的通信和计算中枢(Félix et al.,2015;Lane et al., 2010),大众可以随时随地获取带有地理位置的手机影像并通过互联网即时分享。此外,普通数码相机拍摄的影像也可由大众在互联网上标注其地理位置并发布。目前,大众可以发布和获得这些众源影像的网站包括:基于地图的服务网站,如城市吧(http://www.city8.com)、我秀中国(http://www.ishowchina.com)、Google Map(http://www. google.cn/maps)和 Bing Map(https://cn.bing.com/maps)等;社交网站和图片共享网站,如新浪微博(https://weibo.com)、Flickr(http://flickr.com/)等;以及基于智能手机的影像共享平台,如 Instagram(http://

instagram.com/），该软件是目前苹果公司 App Store 最大的图片分享软件，通过该应用可以进行拍照、上传、分享、同步照片，同时还能进行地理标注。

相对于专业测绘影像，众源影像具有以下特点。

（1）开放，易获取。专业测绘用途采集的影像往往具有不同程度的专用性，一般来说，普通大众不能够获取和使用。与专业的测绘用途影像不同的是，众源影像具有高度的开放性，任何人都可以从互联网搜索、获取和利用。

（2）低成本，更新快。传统的测绘影像数据采集工作常由政府或公司组织专业人员使用专业的精密设备完成，虽然能够获得高质量的影像数据，但是成本高、周期长。而便携拍摄设备的普及使得普通大众都可以成为数据采集者，互联网的兴起则使得影像数据的共享变得几乎零成本；得益于众源影像的大众流动性，对于同一地点，众源影像的更新频率往往远超专业采集的影像。

（3）获取灵活。众源影像的拍摄设备一般为智能手机、普通数码相机、平板电脑等便携设备，拍摄灵活，拍摄者可携带其在车辆不通行区域进行灵活拍摄，遮挡问题亦可以在这种拍摄方式下得以较好解决。

（4）异源异质，缺乏管理。众源影像数据来源广泛，包括政府、企业发布的公共服务数据、个人分享的带有地理信息坐标的影像数据等，不同网站的众源影像数据在其服务器的数据库上有着各不相同的组织形式，而且不同的获取方式和不同网站所能获取的信息也不尽相同，主要表现在数据的精度和完整度上。此外，不同数据的格式、组织和存储方式也千差万别，尚缺乏统一的规范标准。

（5）安全难以控制。自由创建和分享的众源影像数据可能会被个人及一些组织私自盗用，对影像所有者的隐私和安全造成不好的影响。

1.2 众源影像在三维建模中的应用

三维建模的整体研究趋势是逐渐引入建筑物对象立面的相关知识，数据源从单幅影像、多视影像到众源影像。作为一种开放式的地理影像数据，众源影像被越来越多的大众所认可和利用。但是众源影像的获取位置、姿态、时间、相机、光照、分辨率等成像条件千差万别，其地理参考和相机参数准确性较低。同时，人们对这一新的、由大众自由获取的数据源，尚缺乏自动化程度高、适应性强、可靠的处理方法。众源影像作为非建模专用数据，其建模与一般基于影像建模的方法有一定的不同，例如：①由于相机多种多样且参数未知，通过密集匹配获取的点云数据噪声较多，建模过程中需要考虑噪声对建模精度的影响；②众源影像来源多样，需考虑多种参考条件和多种特征下相机的内外参数全局最优化方法；③众源影像数量大，需研究自动化程度高的配准策略，在提高影像地理配准精度的同时，增强配准过程的可靠性。尽管存在这些问题，但大量的实验表明，众源影像依然可作为三维重建的有效数据源（Menzel et al., 2016; Irschara et al., 2012; Agarwal et al.,

2009）。而且随着研究的不断深入，会有更多的原理和方法出现，以提高众源影像三维建模的质量，所以这并不会成为众源影像被广泛应用的阻碍。本书结合近年来众源影像数据的应用研究，将众源影像数据在三维建模方向的主要应用进行总结，指出其潜在的应用价值。

1.2.1　众源影像在构建数字城市中的应用

众源影像包含大量时效性好、位置灵活的街景影像，利用众源影像对由地面移动测量构建的三维街景模型进行补充和扩展，为城市三维重建工作提供了新的思路。在空间基础建设较好的区域，数字城市的更新是一项关键任务，众源影像可作为更新街景信息的数据源，保持其最新性；而在基础设施落后或者不具备测绘条件的区域，没有空间数据基础，却又急需数字地图覆盖，众源影像则可作为构建数字城市的第一手资料。2009 年，华盛顿大学的图形和成像实验室（Graphics and Imaging Laboratory，GRAIL）成功完成了著名的"一日重建罗马"（Agarwal et al., 2009）项目，利用照片社交网站 Flickr 上检索获取的数以百万计的意大利罗马城图像，实现了对罗马城的稀疏点云三维重建。Grzeszczuk 等（2009）提出了一种利用众源影像以及 GIS 数据集中的建筑物矢量轮廓，生成带纹理的建筑物模型的方法。Hartmann 等（2016）总结了众源影像三维重建中的一些基本问题，并提出了一个新的重建流程。Menzel 等（2016）通过志愿者采集的影像生成了大范围的城市三维模型，并进行了高逼真度渲染显示。

1.2.2　众源影像在应对自然灾害中的应用

自然灾害发生后多会造成当地房屋倒塌、树木折断，甚至地面断裂，导致道路阻断。为及时确定受灾区域，给灾区输送物资和救助伤员，需在较短时间内获取当地的地形图、学校和其他区域的三维模型，以指导灾区救援工作。众源影像因其具有开放、易获取、实时性高等特点，可作为数据源，迅速构建出受灾区域的三维模型，找出遭受破坏的区域，为救援工作争取宝贵的时间。随着灾害关注度的提升，获取到众源影像的数目会不断增加，也会提高信息的可靠性和完整性。Deng 等（2016）提出一种社交媒体数据与自然灾害之间的评估模型，并利用微博数据，对海燕台风（2013 年第 30 号超强台风）在灾害发生前、灾害中，以及灾害发生后造成的破坏进行了评估，该模型可用于灾害评估和灾后重建工作。世界银行南亚区域于 2012 年推出了开放城市项目[①]，为城市地区建立资产和风险敞开数据库，促进城市规划和抗灾能力提升。作为项目的一部分，加德满都（Kathmandu，尼泊尔首都）开放数字城市从 2012 年 11 月开始试点，利用 GPS、网上和手机影像、卫星和航空影像等一起构建数字城市，该成果引起了尼泊尔在关于确保紧急情况下学校和卫生设施安全的政策层面的讨论。

---

① 引自：http://www.worldbank.org/en/region/sar/publication/planning-open-cities-mapping-project

1.2.3 众源影像在文物保护中的应用

随着时间的推移,文物可能会出现不同程度的破损,而游客的手机影像有效地记录了文物完好状态下的几何和辐射信息,以此重建出文物的三维模型,作为观赏或者文物修复工作的基准。针对某些文物因战争或者其他不可抗拒外因而遭到破坏或遗失的情况,可从过去的众源影像中重建出这些文物的三维模型,使这些珍贵的文化遗产得以延续。Wahbeh 等(2016)利用众源影像和专业影像重建出了在叙利亚战争中遭受破坏的贝尔庙。英国艺术与人文研究理事会资助的 MicroPasts[①](2015)项目,是在网络环境下,利用众源影像在免费的开源软件进行文物的三维重建,以不断推进研究和推广遗产保护工程,激发人们对文物收藏的热情。在伊拉克战争中,大量文物被破坏,Mosul[②]项目(2015)通过收集毁坏物品的影像,制作三维模型,并将这些模型集合在一起,构建一个虚拟的博物馆,以此来记住丢失的宝藏。Liu 等(2008)提出了一种结合手机图像和激光点云的方法,重建出了古代遗迹的三维模型。

1.3 众源影像三维建模过程中遇到的问题

1.3.1 众源影像的采集

众源数据的一个显著特点就是其异源异质性。不同网站的众源影像数据在其服务器的数据库上有着各不相同的组织形式,而不同的获取方式和不同网站的应用程序编程接口(application programming interface,API)所能获取的信息也不尽相同,最为本质的问题在于众源影像数据本身固有的性质,其用户自主编辑上传的特性决定了不同像片所包含的信息具有差异性甚至随意性。因此,缺乏一个能够对不同来源的众源影像进行筛选和分析的信息聚合平台,以实现分类化信息搜索和标准化的管理。

1.3.2 众源影像的配准

影像地理配准(geo-referencing)是指确定影像的空间位置和(相机)姿态。众源影像地理配准涉及三个方面问题:①若众源影像的空间位置足够准确,如何利用其已有空间位置信息确定其姿态;②如何将众源影像和地理配准后的街景影像匹配,解算其位置和姿态;③如何将众源影像和街景模型进行匹配,解算其位置和姿态。

---

① 引自:https://blog.sketchfab.com/micropasts-crowdsourcing-cultural-heritage-research/

② 引自:https://motherboard.vice.com/en_us/article/how-the-artifacts-isis-destroyed-are-being-digitally-reconstructed

1.3.3　众源影像三维建模

针对众源影像数据源的多样性,如何利用众源影像进行建筑物三维重建,包括:①针对从影像中生成的点云数据含有大量噪声的问题,对建筑物面片对象进行稳健分割的策略;②针对众源影像数据中建筑物不完整的问题,利用建筑物面片几何条件,建立推理的规则和方法,并对缺失的几何信息进行推理补充。

1.4　众源影像三维建模的关键技术

本书研究利用众源影像进行三维建模(含补充和扩展)的理论与方法,旨在对基于众源影像的大众制图(citizen mapping)这一未来十年地理科学的发展方向(National Research Council,2010)进行学科前沿探索,为众源影像这一新兴数据源在三维建模中的应用奠定理论基础,从而加快建立三维模型和更新现势、开放的数据源,促进大众参与数字城市建设以及推动地理学科的大众化发展。本节内容主要涉及以下四个部分:①众源影像获取;②众源影像密集匹配;③众源影像地理配准;④单体化矢量模型构建。

1.4.1　众源影像检索与服务技术

本书研究众源影像数据的获取与聚合。获取过程通过使用网站应用程序编程接口结合网页解析的方式,下载众源影像的地理数据与核心元数据;聚合过程通过生成标准化规范化的元数据文件,实现多来源影像元数据的统一,以及其他平台对于影像的调用。

在影像信息的检索过程中,利用网站 API 的方式,根据 API 提供的接口形式与参数上传标准,实现下载条件的约束,包括地理范围的约束、关键词的约束以及数量和时间的约束。利用普通网页解析的方式,通过对网站源代码的分析与关键标签的匹配识别,实现了在网页中抓取与目标影像相关的链接和信息。两种方式的实现过程,均模拟统一资源定位符(uniform resource locator,URL)的构造形式,以达到所需的要求。

在影像信息的聚合过程中,下载的影像信息数据在程序内存中经过提取和处理,将原始数据集进一步精炼为所需的核心元数据,并形成一个标准化的众源影像信息聚合文件,以标准化的格式存储来供后期的调用与显示。

在影像的显示过程中,网站通过聚合兴趣点(point of interest,POI)查询服务、基于地理范围的影像查询服务,以及基于文本的影像查询和地址解析服务,实现基于关键词和 POI 点的实时众源影像获取与显示,以及影像相关元数据和 POI 元数据的显示。同时,在网络地图上聚合街景以及 POI 点的相互关联,增强网络 GIS 系统对于地物展示的多样化。

在影像下载过程中,本书实现网络影像的异步下载。用户在网页客户端提交下载请求后,服务器根据用户提交的关键词、来源网站与数量等信息可以自动开启下载任务,由于第三方影像搜索 API 均有利用关键词匹配程度进行排序的接口,故本书系统通过不同的来源渠道获取对应匹配度最高的影像集合，并将目标影像的元数据整理成易于管理和使用的结构化 JS 对象简谱（JavaScript object notation，JSON）数据集，将所有影像和元数据文件进行压缩，形成数据包。在服务器完成数据下载任务后，用户将收到包含数据包下载链接的邮件。网页端的用户管理系统提供了用户注册与登录等基本服务，用户登录后即可提交任务并显示当前任务的处理状态，以及历史下载任务的列表，用户在关闭浏览器后依然可以收到任务的邮件提醒。服务器异步下载的模块将自动分析用户提交的目标关键词，并对指定来源的网站进行 API 调用与元数据分析。

在影像检索评价方面，本书从影像与检索目标关系、网络实时检索效率和影像质量分析三个方面，采用一定的测度对第三方影像检索服务在地标关键词下的数据集进行简单的评估。

当今信息的聚合，一方面依赖于网页超文本标记语言向智能化、语义化的方向发展，以提供更多可识别的标签，来反映网页呈现元素的语义信息；另一方面依赖于网站提供更加合理化规范化的聚合文件或数据接口，以实现第三方应用的开发与使用。众源影像数据丰富了网络数据的显示，同时结合地理数据的街景图像与普通景物影像，为用户对于地物的识别和利用提供更加直观的途径。

1.4.2　众源影像密集匹配

立体影像密集匹配技术的实质是在两张或多张影像之间识别同名点的过程，根据每个像素点的匹配是否受到其他像素的约束，影像密集匹配技术分为局部方法和全局方法（Brown et al., 2003）。局部匹配的方法在影像选择一个合适的局部窗口独立地匹配每个像素的同名点，其中比较知名的算法包括江万寿（2004）提出的基于物方面元的单点多片最小二乘算法、张力等（2008，2006，2005）提出的 MPMGC^3（基于几何约束的多基线多匹配特征的影像匹配算法）和基于面片的三维多视角立体视觉算法（patch-based multi-view stereo，PMVS）（Furukawa et al., 2010）。MPMGC^3 算法以基于物方的核线约束同时匹配多张影像，有效地解决因重复纹理和遮挡造成的匹配困难问题；同时融合了多种特征进行匹配，如特征点、格网点和特征线，有利于地形复杂区域的数字地表模型（digital surface model，DSM）生成；并且可自适应地调节匹配窗口的形状和大小，利用有效支撑邻域进行匹配，有效克服了几何变形带来的匹配困难。PMVS 是计算机视觉领域提出的多视影像密集匹配方法，相对于 MPMGC^3 算法，它提出了基于 patch（定义在物方空间具有方向的矩形区域，可用中心点的空间坐标和法向量表达）的匹配方法，使其可广泛适用于物体（objects）、场景（scenes）和众源场景（crowded scenes）的三维重建。

全局匹配的方法一般会构建一个包含数据项（data term）和平滑项（smoothness term）的能量方程，然后使用能量最小化方法整体计算全局最优化的解。其中数据项是由影像相似性测度构成的匹配代价，平滑项表示相邻像素间的约束代价。根据使用的影像数量，全局匹配算法又分为两视全局匹配算法和多视全局匹配算法。就待重建表面的表达方式来说，前者一般使用视差图或深度图作为表面的表达方式，后者则使用空间三维体素（voxels）、可形变模型（deformable models）、水平集（level-set）或三角网（triangulated meshes）作为表面的表达方式。

一般来说，两视全局匹配的方法分为匹配代价计算、代价累计、视差图计算和视差图精化四个步骤（Scharstein et al.，2001）。全局匹配的优化方法可分置信度传播（belief propagation）（Yang et al.，2006）、动态规划（dynamic programming）（Wang et al.，2006；Veksler，2005）和图割（graph cut）（Kolmogorov et al.，2003，2001）等。全局匹配算法相对于局部匹配方法可取得更稳健的匹配结果，但是需要更多的计算时间和更大的计算机内存空间。德国学者 Heiko Hirschmüller 提出的半全局匹配算法（semi-global matching）（Hirschmüller et al.，2012，2008；Hirschmüller，2008）通过使用多个一维方向上的动态规划方法，既解决了一维动态规划导致的条纹效应，也相对于严格的全局匹配方法提高了计算效率。吴军等（2015）提出融合尺度不变特征转换（scale-invariant feature transform，SIFT）与半全局匹配的倾斜影像密集匹配方法，在倾斜影像密集匹配上取得较好的结果。邹小丹（2013）基于几何多视影像匹配和半全局匹配，提出了基于半全局优化的多视影像匹配方法。

多视全局匹配的方法也有多种多样，对于各种多视全局匹配方法的比较和评价可以参考 Seitz 等（2006）的文章。其中比较值得关注的是基于变分理论的可形变表面方法，其表面的表达方式可分为连续型表达和离散型表达，连续型表达又分为显式方程表达和隐式方程表达，而离散型表达则主要分为三角网表达和粒子系统表达（Montagnat et al.，2001）。基于变分理论的可形变表面方法需要粗略的表面（可通过其他匹配方法获取）作为初始条件，通过迭代式曲面演化的方式进行能量最小化，获取最佳符合实际地面或物体表面的表面。这类算法中优秀的代表就是巴黎科技大学计算机科学实验室 IMAGINE 小组的 Hoang Hiep Vu 和 Patrick Labatut 等人提出的高精度可视一致性多视密集匹配算法（Vu et al.，2012，2009；Labatut，2009）。该方法分为两大步骤：首先，利用其他匹配方法（如 PMVS）获取近似稠密的三维离散点云，利用最小化 s-t 分割优化技术有效地剔除粗差点，并在集成可视性约束的条件下构建初始表面；其次，利用基于 mesh 的变分方法对初始表面进行精化，获取精细的表面。

本书针对经典的半全局匹配在相似性测度选择以及视差范围调整存在的问题提出了多测度的半全局匹配算法。综合互信息和 Census 两种相似性测度的优点，充分发挥各自的优势，兼顾计算效率和匹配效果，仅在最高一级金字塔影像上采用 Census 匹配测度匹配准确的视差图初始，在以下各级影像都采用互信息作为匹配测度；同时以影像金字塔为基本策略，降低匹配的搜索空间，避免大范围搜索导致的误匹配问题，提高匹配的效率、鲁棒性、抗噪性和精度。为应对密集匹配过程中影像中存在的噪声等因素的影响，本书提出将密集匹配问题等价为在噪声等确定因素存在情况下的参数估计问题，在贝叶斯估计的框架下通过最大后验估计解决密集匹配这一问题。通过构建基于影像相似性、一致性、深度平滑性等约束的能量函数，选用 EM 优化让能量函数最小化并获得估计参数，获得多张影像上每个像素点的深度信息，最后通过三维点云的形式来表示场景的三维信息。该多视密集匹配框架是一个非常灵活、开放的框架，可以加入不同的约束条件，构建新的能量函数。

1.4.3　众源影像地理配准

众源影像的地理位置由智能手机提供或由大众上传时标注，对其进行定位定姿后才能使用。在缺少地理参考或精度要求许可时，这一工作可以利用所摄场景的内在几何关系来完成。Liu 等（2005）首先用建筑物垂直条件和平行六面体作为约束，随后又引入直线和平行线约束（Liu et al., 2011；Stamos et al., 2008），根据灭点和三维空间方向的对应关系在影像上寻找潜在平行线对，最后通过最小二乘的方法确定出影像姿态。邱志强等（2003）和 Snavely 等（2006）利用计算机视觉的运动恢复结构（structure from motion，SfM）算法来获得影像姿态，而 Irschara 等（2012）和 Wan 等（2011）则在 SfM 的基础上分别通过布置标定点和分析影像序列中建筑物的立面关系来进行相机预标定，从而更为高效和准确地确定影像姿态。众源影像的精确地理配准可以通过其与具有地理参考的街景影像的配准来得到。这包括建立点与点的对应关系（Bujnak et al., 2008）或线与线的对应关系（Cao et al., 2012）。由于城市建筑物存在大量平行直线、尖锐轮廓（通常为直角），基于线特征的配准方法更加有效。吴军（2005）提出基于直线摄影测量与建筑物轮廓线，采用由粗到精的策略进行影像配准。张鹏强等（2007）利用待配准影像与参考影像上相应直线段共线这一基本条件来建立图像变形模型，并通过直线特征的提取和匹配来完成影像的自动配准。Cao 等（2012）将提取出来的直线特征进行编组来提取平面区域，根据平面区域的主方向线（水平和垂直方向的线段各两条）提取视点不变特征并利用该特征来匹配影像。刘颖真等（2015）依据影像的地理空间坐标和其三维重建后得到图像空间坐标的空间相似性，考虑 GPS 实时测量坐标精度较差和高程测量值不稳定的特点，采用随机抽样一致（random sample consensus，RANSAC）方法求解二维和三维两种空间变换参数及地理配准结果。

众源影像的精确地理参考也可以通过其与街景模型的配准来得到。Wu 等（2008）提出基于三维规则化贴片特征（viewpoint invariant patches，VIP）进行地理配准的方法，Zaharescu 等（2009）应用三维梯度信息和直方图信息进行匹配，Ikeuchi 等（2003）提出基于计算深度图反射比的自动配准；Troccoli 等（2004）提出基于阴影计算的配准方案，该方案在有强光照射的室外场景中配准成功率很高。Yang 等（2006）通过使用"特征描述器"将 2D 纹理图像映射到 3D 模型中；Schindler 等（2008）则首先从 2D 图像中提取出位于建筑物表面上有规律的模式，然后将该模式与具有纹理信息的三维模型中的模式相匹配，得到了满意的配准效果。多张 2D 图像可以先构建自由网解算点云，然后将点云与三维模型配准。Zhao 等（2005）通过 3D 感知器获得目标的三维点云数据模型，进而完成连续视频序列到该模型间的自动配准。Li 等（2010）和 Sattler 等（2011）将每个三维点云点关联成一个图示词汇表，同时在二维图像中提取特征视觉词，对于每个二维平面内的特征用线性搜索方法在三维点云中找到两个可能性最大的三维匹配点，最后再用比率测试的方法找出最佳的匹配点，这样找出一系列的 2D 到 3D 的匹配对后，就可以用 RANSAC 算法解算影像的地理参考。Ishikawa 等（2016）提出一种安装在流动站上的轮廓扫描系统，实现高密度和高精度的三维重建。该硬件系统由全向相机和 3D 激光扫描仪组成，通过选择良好的投影点进行跟踪以稳定地估计运动，并且基于从全向相机到扫描点的距离，使用误差度量来抑制由激光扫描仪和相机的位置之间的差异引起的误匹配。

由于众源影像的获取时间、位置、姿态、环境等有很大的随意性，再加上手机和数字相机的品种繁多且常不为数据处理人员所知，需要研究现有影像地理参考方法的普适性，探讨更加有效和可靠的方法。本书针对众源影像地理配准中定位定向信息缺失或不准确的问题，主要探讨如何在信息缺失的条件下，确定众源影像的地理参数，完成众源影像之间、众源影像与三维街景数据的匹配，包括：①利用改进的 EpnP（efficient perspective-n-point）算法，实现众源影像与球形全景影像的配准；②通过多视影像匹配，生成建筑物点云，提取建筑物轮廓，与 OpensStreetMap 建筑物轮廓矢量进行匹配，实现众源影像与地图数据的配准；③将众源影像中的 2D 线特征与街景模型已有或提取的 3D 线特征作为配准基元，相应的配准方法可称为基于线特征的 2D-3D 配准方法，实现众源影像与街景模型的配准；④通过多视影像匹配，生成建筑物点云，提取建筑物轮廓，与 LiDAR 点云提取的建筑物轮廓进行匹配，实现众源影像与激光点云的配准。

1.4.4 单体化矢量模型构建

众源影像三维建模主要针对街景建筑物进行，其研究思路可借鉴基于一般影像的建筑物重建方法。Debevec 等（1996）首先提出用户交互的多幅影像建模方法，Xiao 等（2008）和 Sinha 等（2008）从配准后的多张影像中利用灭点计算提取出主方向，这些方法能得到较好的建筑物模型，但需要大量的人工交互，难以应用于城市级别的建模中。自动城市建筑物建模方法（Xiao et al., 2009；Cornelis et al., 2008；Dick et al., 2004）主要有以下几步：特征点提取，影像相对定向，密集匹配生成点云，从影像和点云中根据一些建筑物的先验知识提取交点、平面等特征来重建三维模型。Werner 等（2002）使用多视匹配生成的稀疏点构建线段，从而重建建筑物。Schindler 等（2006）利用线特征来进行匹配以及重建，但线特征比较稀疏且几何结构不及点特征稳定。利用视频序列影像的建筑物重建，如 Cornelis 等（2008）和 Pollefeys 等（2008）成功地进行了视频影像的实时配准，并从配准后的结果中生成密集点数据，但没有关注后续几何重建的工作。Tian 等（2010）结合建筑物立面的对象知识从视频数据中重建出三维模型。基于形状语法（shape grammar）的建筑物立面重建方法通过定义一系列的基本形体和对形体的操作来生成复杂的几何体（黄翔 等，2004），一些成功的研究（Müller et al., 2006）和商业产品（如 City Engine）可以快速生成城市级别的建筑物模型，但难以保证建筑物的精确度和逼真度。建筑物的精细三维模型多由三维激光扫描以及对应影像来获取（Putz et al., 2009），但数据采集工作量大、无法避免遮蔽和遗漏、现势性差。McClune 等（2014）提出一种从正射影像提取屋顶几何的算法，并利用多射线摄影测量提取 DSM 和点云。王伟等（2015）提出一种快速交互式三维场景算法,可以快速重建出包括球面、柱面等结构在内的完整的场景结构。李德仁等(2016)提出带有相对姿态参数的倾斜影像光束法平差模型,并将其应用到城市真三维模型重建中,得到了纹理比较自然、真实的三维表面模型。对于众源影像,Irschara等(2012)提出一种增量式的大规模街景建模方法。这项研究不断从 wiki 获取由志愿者在不同位置拍摄的影像,通过匹配生成密集点云,进而生成、完善或精化街景的三维模型。然而,这项研究需要有组织的志愿者以街景三维重建为目的进行拍摄,且需提供所用数码相机的类型以便事后自标定,因此,并非严格意义上的众源影像。

　　由上可见,三维重建的整体研究趋势是逐渐引入建筑物立面对象的相关知识,数据源从单幅影像、多视影像到众源影像。但大量的研究还是集中在利用建模导向型影像进行三维重建,并没有考虑这些数据的遗漏和遮蔽等情况。而完整、精细的街景模型的建立需要多源多视数据的融合,对众源影像这一新的、由大众自由获取的数据源,尚缺乏自动化程度高、适应性强、可靠的处理方法。为此,本书除主要探讨建筑物单体模型的构建及其纹理映射外,还着重探讨建筑物边界模型和屋顶模型的规则化,以期从噪声严重甚至有部分数据缺失的数据中得到规则的单体化建筑物模型。

1.5　本章小结

　　本章首先介绍了城市三维重建的背景,引入众源影像的概念,归纳了众源影像的特点;其次,总结了众源影像在三维建模中的应用,并指出其应用潜力;再次,阐述了众源影像应用于三维重建过程中遇到的主要问题;最后,简要介绍了众源影像应用于三维建模的发展现状,并深入讨论了众源影像三维建模中的几项关键技术,指出了本书关于众源影像的主要研究内容。

参 考 文 献

关丽, 丁燕杰, 张辉, 等, 2017. 面向数字城市建设的三维建模关键技术研究与应用. 测绘通报, (2): 90-94.

黄翔, 周栋, 2004. 简述形状语法及其应用. 华中建筑, 22(2): 45-48.

江万寿, 2004. 航空影像多视匹配与规则建筑物自动提取方法研究. 武汉: 武汉大学.

李德仁, 邵振峰, 杨小敏, 2011. 从数字城市到智慧城市的理论与实践. 地理空间信息, 9(6): 1-5.

李德仁, 肖雄武, 郭丙轩, 等, 2016. 倾斜影像自动空三及其在城市真三维模型重建中的应用. 武汉大学学报(信息科学版), 41(6): 711-721.

刘颖真, 贾奋励, 万刚, 等, 2015. 非专业弱关联影像的地理配准及其精度评估. 测绘学报, 44(9): 1014-1021.

邱志强, 于起峰, 2003. 从建筑物序列图像恢复三维结构. 武汉大学学报(工学版), 36(3): 13-15,25.

王伟, 胡占义, 2015. 快速交互式三维城市场景重建. 中国科学(信息科学), 45(9): 1141-1156.

吴军, 2005. 三维城市建模中的建筑墙面纹理快速重建研究. 测绘学报, 34(4): 317-323.

吴军, 姚泽鑫, 程门门, 2015. 融合 SIFT 与 SGM 的倾斜航空影像密集匹配. 遥感学报, 19(3): 431-442.

薛凯, 2011. 数字城市的实施策略与模式研究. 天津: 天津大学.

张力, 张继贤, 2008. 基于多基线影像匹配的高分辨率遥感影像 DEM 的自动生成. 武汉大学学报(信息科学版), 33(9): 943-946.

张鹏强, 余旭初, 韩丽, 等, 2007.基于直线特征匹配的序列图像自动配准. 武汉大学学报(信息科学版), 32(8): 676-679.

邹小丹, 2013. 基于半全局优化的多视影像匹配方法与应用. 长沙: 中南大学.

AGARWAL S, SNAVELY N, SIMON I, et al., 2009. Building Rome in a day. IEEE Conference on Computer Vision and Pattern Recognition: 72-79.

BLASCHKE T, HAY G J, WENG Q,et al., 2011. Collective sensing: Integrating geospatial technologies to understand urban systems: An overview. Remote Sensing, 3(8): 1743-1776.

BROWN M Z, BURSCHKA D, HAGER G D, 2003. Advances in computational stereo.IEEE Transactions on Pattern Analysis & Machine Intelligence, 25(8): 993-1008.

BUJNAK M, KUKELOVA Z, PAJDLA T, 2008. A general solution to the p4p problem for camera with unknown focal length. IEEE Conference on Computer Vision and Pattern Recognition: 1-8.

CAO Y P, MCDONALD J, 2012. Improved feature extraction and matching in urban environments based on 3D viewpoint normalization. Computer Vision and Image Understanding, 116(1): 86-101.

CORNELIS N, LEIBE B, CORNELIS K, et al., 2008. 3D urban scene modeling integrating recognition and reconstruction. International Journal of Computer Vision, 78(2): 121-141.

DEBEVEC P E, TAYLOR C J, MALIK J, 1996. Modeling and rendering architecture from photographs: A hybrid geometry-and image-based approach. 23rd Annual Conference on Computer Graphics and Interactive Techniques: 11-20.

DENG Q, LIU Y, ZHANG H, et al., 2016. A new crowdsourcing model to assess disaster using microblog data in typhoon Haiyan. Natural Hazards Journal of the International Society for the Prevention & Mitigation of Natural Hazards, 84(2): 1-16.

DICK A R, TORR P, CIPOLLA R, 2004. Modelling and interpretation of architecture from several images. International Journal of Computer Vision, 60(2): 111-134.

FÉLIX I R, CASTRO L A, RODRÍGUEZ L F, et al., 2015. Mobile Phone Sensing: Current Trends and Challenges//Ubiquitous Computing and Ambient Intelligence. Sensing, Processing, and Using Environmental Information. Berlin: Springer.

FURUKAWA Y, PONCE J, 2010. Accurate, dense and robust multi-view stereopsis. IEEE Transactions on Pattern Analysis and Machine Intelligence, 32(8): 1362-1376.

GRZESZCZUK R, KOSECKA J, VEDANTHAM R, et al., 2009. Creating compact architectural models by geo-registering image collections. 2009 IEEE 12th International Conference on Computer Vision Workshops, ICCV Workshops.

HARTMANN W, HAVLENA M, SCHINDLE K, 2016. Towards complete, geo-referenced 3D models from crowd-sourced amateur images. ISPRS Annals of Photogrammetry, Remote Sensing and Spatial Information Sciences: 51-58.

HIRSCHMÜLLER H, 2008. Stereo processing by semiglobal matching and mutual information. IEEE Transactions on Pattern Analysis and Machine Intelligence, 30(2): 328-341.

HIRSCHMÜLLER H, SCHARSTEIN D, 2008. Evaluation of stereo matching costs on images with radiometric differences. IEEE Transactions on Pattern Analysis and Machine Intelligence, 31(9):

1582-1599.

HIRSCHMÜLLER H, BUDER M, ERNST I, 2012. Memory efficient semi-global matching. ISPRS Annals of Photogrammetry Remote Sensing and Spatial Information Sciences, I-3(1): 371-376.

IKEUCHI K, NAKAZAWA A, HASEGAWA K, et al., 2003. The great buddha project: Modeling cultural heritage for vr systems through observation. Proceedings of the 2nd IEEE/ACM International Symposium on Mixed and Augmented Reality: 7.

IRSCHARA A, ZACH C, KLOPSCHITZ M, et al., 2012. Large-scale, dense city reconstruction from user-contributed photos.Computer Vision and Image Understanding, 116(1): 2-15.

ISHIKAWA R, ROXAS M, SATO Y, et al., 2016. A 3D reconstruction with high density and accuracy using laser profiler and camera fusion system on a rover. Fourth International Conference on 3d Vision: 620-628.

KOLMOGOROV V, ZABIH R, 2001. Computing visual correspondence with occlusions using graph cuts. Proc. the Eighth International Conference on Computer Vision (ICCV-01). Vancouver, British Columbia, Canada: IEEE Computer Society, 2: 508-515.

KOLMOGOROV V, ZABIH R, 2003. Multi-camera scene reconstruction via graph cuts. In European Conference on Computer Vision, Springer, Berlin, Heidelberg, 3: 82-96

LABATUT P, 2009. Labeling of Data-Driven Complexes for Surface Reconstruction. Paris: Université Paris-Diderot-Paris VII.

LANE N D, MILUZZO E, LU H, et al., 2010. A survey of mobile phone sensing. Communications Magazine, IEEE, 48(9): 140-150.

LI Y, SNAVELY N, HUTTENLOCHER D, 2010. Location recognition using prioritized feature matching. Computer Vision–ECCV: 791-804.

LIU J, ZHANG J, XU J, 2008. Cultural Relic 3D Reconstruction from Digital Images and Laser Point Clouds// Image and Signal Processing. CISP '08. Congress on. IEEE: 349-353.

LIU L, STAMOS I, 2005. Automatic 3D to 2D registration for the photorealistic rendering of urban scenes. IEEE Computer Society Conference on Computer Vision and Pattern Recognition,132: 137-143.

LIU L, STAMOS I, 2011. A systematic approach for 2D-image to 3D-range registration in urban environments. Computer Vision and Image Understanding, 116(1): 25-37.

MC CLUNE A P, MILLER P E, MILLS J P, et al., 2014. Automatic urban 3D building reconstruction from multi-ray photogrammetry. ISPRS - International Archives of the Photogrammetry, Remote Sensing and Spatial Information Sciences, XL-3(3): 219-226.

MENZEL J R, MIDDELBERG S, TRETTNER P, et al., 2016. City Reconstruction and Visualization from Public Data Sources. Eurographics Workshop on Urban Data Modelling and Visualisation.

MONTAGNAT J, DELINGETTE H, and AYACHE N, 2001. A review of deformable surfaces: topology, geometry and deformation. Image and Vision Computing, 19(1): 1023-1040.

MÜLLER P, WONKA P, HAEGLER S, et al., 2006. Procedural modeling of buildings. ACM Trans. Graph., 25(3): 614-623.

NATIONAL RESEARCH COUNCIL, 2010. Understanding the Changing Planet: Strategic Directions for the Geographical Sciences. Washington: National Academy Press.

POLLEFEYS M, NISTÉR D, Frahm J M, et al., 2008. Detailed real-time urban 3D reconstruction from video. International Journal of Computer Vision, 78(2-3): 143-167.

PUTZ S, VOSSELMAN G, 2009. Building facade reconstruction by fusing terrestrial laser points and images.

Sensors, 9(6): 4525-4542.

SATTLER T, LEIBE B, KOBBELT L, 2011. Fast image-based localization using direct 2D-to-3D matching. International Conference on Computer Vision, ICCV 2011: 667-674.

SCHINDLER G, KRISHNAMURTHY P, DELLAERT F, 2006. Line-based structure from motion for urban environments, In 3DPVT.

SCHINDLER G, KRISHNAMURTHY P, LUBLINERMAN R, et al., 2008. Detecting and matching repeated patterns for automatic geo-tagging in urban environments. IEEE Conference on Computer Vision and Pattern Recognition, CVPR 2008: 1-7.

SEITZ S M, CURLESS B, DIEBEL J, et al., 2006. A comparison and evaluation of multi-view stereo reconstruction algorithms. IEEE Computer Society Conference on Computer Vision and Pattern Recognition: 519-528.

SINHA S N, STEEDLY D, SZELISKI R, et al., 2008. Interactive 3D architectural modeling from unordered photo collections. ACM Transactions on Graphics, 27(5): 159.

SNAVELY N, SEITZ S M, SZELISKI R, 2006. Photo tourism: Exploring photo collections in 3D. ACM Transactions on Graphics, 25(3): 835-846.

STAMOS I, LIU L, CHEN C, et al., 2008. Integrating automated range registration with multi-view geometry for the photorealistic modeling of large-scale scenes. International Journal of Computer Vision, 78(2): 237-260.

TIAN Y, GERKE M, VOSSELMAN G, et al., 2010. Knowledge-based building reconstruction from terrestrial video sequences. ISPRS Journal of Photogrammetry and Remote Sensing, 65(4): 395-408.

TROCCOLI A J, ALLEN P K, 2004. A shadow-based method for image to model registration. Conference on Computer Vision and Pattern Recognition Workshop, CVPRW '04: 169-169.

VEKSLER O, 2005. Stereo correspondence by dynamic programming on a tree. IEEE Computer Society Conference on Computer Vision And Pattern Recognition: 384-390.

VU H H, KERIVEN R, LABATUT P, et al., 2009. Towards high-resolution large-scale multi-view stereo. IEEE Conference on Computer Vision and Pattern Recognition: 1430-1437.

VU H H, LABATUT P, PONS J P, 2012. High accuracy and visibility-consistent dense multi-view stereo.IEEE Transactions on Pattern Analysis and Machine Intelligence, 34(5): 889-901.

WAHBEH W, NEBIKER S, FANGI G, 2016. Combining public domain and professional panoramic imagery for the accurate and dense 3D reconstruction of the destroyed Bel Temple in Palmyra. ISPRS Annals of Photogrammetry, Remote Sensing and Spatial Information Sciences, III-5: 81-88.

WAN G, SNAVELY N, COHEN-OR D, et al., 2011. Sorting unorganized photo sets for urban reconstruction. Graphical Models, 74(1): 14-28.

WANG L, LIAO M, GONG M, et al., 2006. High-quality real-time stereo using adaptive cost aggregation and dynamic programming. IEEE International Symposium on 3D Data Processing, 30(1): 798-805.

WERNER T, ZISSERMAN A, 2002. Model selection for automated architectural reconstruction from multiple views. Proceedings of the British Machine Vision Conference:53-62.

WU C, CLIPP B, LI X, et al., 2008. 3D model matching with viewpoint-invariant patches (vip). IEEE Conference on Computer Vision and Pattern Recognition, CVPR 2008: 1-8.

XIAO J X, FANG T, TAN P, et al., 2008. Image-based façade modeling. ACM Transactions on Graphics, 27(5): 161.

XIAO J X, FANG T, ZHAO P, et al., 2009. Image-based street-side city modeling. ACM Transactions on Graphics, Association for Computing Machinery, 28 (5): 114.

YANG Q, WANG L, YANG R, et al., 2006. Real-time global stereo matching using hierarchical belief propagation. BMVC, 6: 989-998.

ZAHARESCU A, BOYER E, VARANASI K, et al., 2009. Surface feature detection and description with applications to mesh matching. IEEE Conference on Computer Vision and Pattern Recognition, CVPR 2009: 373-380.

ZHANG L, 2005. Automatic Digital Surface Model (DSM) generation from linear array images. Zurich: Institute of Geodesy and Photogrammetry.

ZHANG L, GRUEN A, 2006. Multi-image matching for DSM generation from IKONOS imagery. ISPRS Journal of Photogrammetry and Remote Sensing, 60(3): 195-211.

ZHAO W, NISTER D, HSU S, 2005. Alignment of continuous video onto 3D point clouds. IEEE Transactions on Pattern Analysis and Machine Intelligence, 27(8): 1305-1318.

第 2 章

众源影像的获取技术与方法

　　随着具有拍照功能的智能移动设备的普及,互联网上用户分享影像数量呈现显著的增长趋势,各类影像分享网站也日渐增多。与此同时,越来越多的智能移动设备具有记录拍照时地理坐标的功能,获取到含有摄影地理位置信息的大众影像也变得更加容易。但目前很多地理信息商业应用都没有包含地理层面上对影像的检索和展示,同时也没有相应的地理信息应用提供对多平台多源网络影像进行聚合的功能。本章将分析众源影像对于地理信息数据源丰富和拓展的意义,提出众源影像的多平台检索与集成、下载与管理策略,通过多种方式实现对众源影像的过滤,并对多源检索服务获取的特定影像数据集进行可用性评价。

2.1　众源影像的集成和检索

2.1.1　众源影像整体获取策略

影像分享网站和网络相册的普及,使用户得以更加方便地上传、存储和分享自己拍摄的影像。用户不仅可以在网络上建立自己的相册,从而利用云端更好地存储管理自己的作品,同时还可以将之公布于网站平台,甚至分享到其他社交网络平台。与此同时,普通用户在进入该类网站后,也可以轻松地使用基于关键词的搜索等功能来查阅整个公开的网络相册,以寻找自己感兴趣的内容。除此之外,用户还可以对他人的相片进行评论和分享等操作。

本章涉及众源影像的批量下载,以实现针对性自动化的获取功能。一方面,大多数网络相册,比如 Flickr 和 Picasa,自身的服务器即存储了用户上传的影像及其相关的影像元数据;而影像搜索引擎提供的影像则是通过获取到影像原始链接,经过自身数据库存储和处理后,得以在网页上呈现。另一方面,影像在网页上的呈现是通过一个含有影像链接标准化的 HTML 标签进行显示的,影像本身并不会插入 HTML,而通过标签为引用影像提供一个占位符。不论哪种方式,只要用户能够从浏览器的操作获得影像,即可通过 HTTP 请求影像链接的方式获取到相应影像数据流。

类似 Flickr 这类网站的网络相册,都提供了供开发者使用的 API 服务、封装的程序接口和以供调用的 URL,以便第三方程序得到相对完整的数据集,这一般包括各种尺寸大小影像的原始链接、影像标签和其他原始信息等。而 Pinterest 和一些国内专业摄影网站则没有提供相应的 API 服务,但只要其网页能够显示出影像,就必然包含了影像的链接或者影像链接的数据流,只是这里的链接不一定是原始上传的链接。

本章采用众源影像需求方与网站服务器交互的方式实现下载,并且尽可能地获取影像相关的元数据,核心获取流程如图 2-1 所示。

可以通过文本查询和地理查询两种方式获取网络影像。利用文本描述进行影像检索是最为普适的方式,可以利用此方式得到绝大多数影像搜索引擎、社交网站、影像分享网站以及专业摄影网站上的影像。另一种方式是利用地理范围或关键词进行地理解析,依照给定的地理位置获取影像。利用地理范围进行检索的方法,依赖于第三方网站对地理查询接口的支持。基于关键词获取影像的方式可以得到更加精准的实景影像搜索结果,因此利用地理查询获取到周边 POI 的文本描述后,可再次调用基于关键词查询的影像获取方法,实现文本查询与地理查询的统一模型。

在具体的查询策略层面,主要以第三方网站 API 调用和网页解析的策略实现检索。影像检索结果取决于目标源网站对于影像获取接口的支持程度、影像搜索引擎和专业摄影网站采用的网页解析的方式和社交网站和影像分享网站采用的 API 调用方式。不论是 API 调用还是网页解析的策略,相应的关键词参数查询接口都通过源网站的翻页机制或

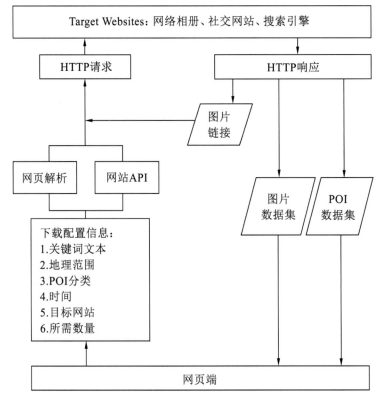

图 2-1　众源影像数据获取总体流程

时间戳机制来实现影像的批量获取。同时,我们集成了反向搜图的接口,可以对检索到的实景网络影像再次反向检索,实现更多相似影像的获取。

在转化层面,采用了两种思路:一种是直接利用所有检索配置参数构造 API 所需要的 URL 形式;另一种是将一部分检索配置信息,如关键词,构造成模拟搜索 URL 的一部分,而剩余的检索配置信息,如地理位置,则作为返回结果的过滤条件。最终由后台发起 HTTP 请求,得到相应的 HTTP 响应和响应结果的数据集,并将其显示在网站前端。

2.1.2　基于网站 API 的数据获取策略

网络 API（web API）主要包含两个成分:一是服务器端的 API,二是客户端的 API。本章主要讨论的是服务器端的 API 服务（Torres et al., 2011）。

本章选取多种含有 API 服务的网站作为程序抓取的目标服务器,其中包括各社交网络如新浪、Tumblr 等,各影像分享网站如 Flickr、Instagram 等。所有这些网站均提供了以文本描述进行 API 请求的方式,即可以使返回的影像集属于某个特定的文本描述标注。有些第三方源网站还提供了地理查询接口,包括利用地理范围直接查询影像的接口以及利用地理范围查询 POI 数据集的接口。

在查阅服务器 API 服务相关文档后,分以下三种情况获取影像数据:①调用获取影像的 API,返回数据直接包含了地理数据和影像核心元数据,则直接下载所有相关的返回数据;②调用获取影像的 API,没有返回地理数据及元数据,则通过影像的 ID 调用其他专门获取地理数据及元数据的 API 接口,并一同写入影像的记录文件进行存储;③对于一些社交网络如街旁,不能直接通过地理范围约束返回相应的影像,这时先调用返回 POI 的 API,将相应地理范围内的 POI 信息进行解析,再调用搜索 POI 附近影像的 API,以得到最终的影像。

在上传参数的层面上,如果相关调用方式提供了地理约束的获取方式,则首先选择可以上传地理参数的 API,以获取某个地理范围的影像或者获取某个地理范围内的 POI。通常情况下,网站的 API 提供经纬框或点缓冲区的地理查询方式。若网站的 API 没有地理参数上传机制,则采用获取程序后期对于返回数据中地理坐标进行排查的方式。

2.1.3　基于网页解析的数据获取策略

由于并不是所有的网站都把 API 的标准方式作为自身的数据服务,所以很多网站的影像依赖于其网页源代码的解析。本章主要取以景物为主的众源影像为抓取目标,所以一个通用的网络爬虫并不能很好地满足实际的需要,原因在于:①大多数网页直接显示的影像并不是显示景物的影像;②大多数网页直接显示的影像为缩小后显示的窗体容器;③利用通用的网络爬虫并不能很好地抓取某一类别的影像。

本章针对性地研究了几个需要网页解析才能获取影像的网站,包括影像社交网站如Pinterest,专业摄影素材网站如昵图网和 POCO 摄影网等。首先,利用客户端交互提供一类关键词,构造模拟站内搜索结果的 URL,并通过特殊的标记方式解析出结果页面包含的每张影像的具体链接;然后转入此链接,进一步解析此链接对应源代码所包含的原始影像 URL 和影像相关元数据,如标题、描述、类别等。以此为流程遍历结果页面包含的所有具体链接,得到模拟搜索条件下的所有影像。这样的方式获取的影像一般具有针对性和较高的分辨率,且能够获得较为精确的语义信息。图 2-2 为本章网页解析流程。

图 2-2　网页解析流程

2.1.4　众源影像多样化检索的实现方式

1. 基于经纬度范围的检索方式

多数网站的 API 提供了矩形经纬框或中心点经纬度加半径的地理约束方式。本章采用 OpenStreetMap 地图作为可视化的底图,利用 Leaflet JavaScript 框架,伴随用户在浏览器地图中所确定的地理范围或地理位置,获取某一矩形或圆形地理范围内用户上传至各网站的影像,此种获取方式能获取影像伴随的地理坐标,并将检索得到的结果在本章搭建的网站地图上进行实时显示（Inoue，2004）。

基于 API 实现的下载方式可以传入地理范围,以确定下载某一地区的影像,而 API 允许上传的范围参数往往有一定的限制。当用户指定的范围大于API所允许的地理范围时,程序后台对用户交互的地理范围进行自动分解。

在矩形范围选择样式下,设用户输入的经纬度范围为 minlat、minlng、maxlat、maxlng,其中 minlat 为定义范围的最小纬度,minlng 为定义范围的最小经度,maxlat 为定义范围的最大纬度,maxlng 为定义范围的最大经度。程序执行时规定最大经度为 maxlngspan,最大纬度为 maxlatspan。在此情况下进行自动分解,由用户输入的经度范围差和纬度范围差除以相应程序规定的最大经度差与纬度差,由此得到分解后的行数与列数。从用户指定经纬框的左上角开始进行遍历,以无缝拼接的方式分解整个范围,并由此多次请求获取相应的返回结果。基本分解方式如图 2-3 所示。

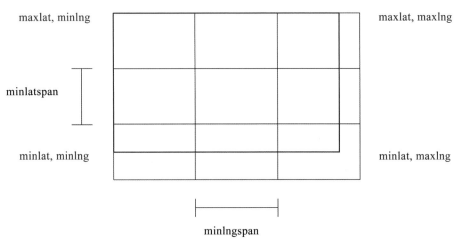

图 2-3　经纬框分解方式

在圆形范围选择样式下,最大半径由控件指定最大允许输入值,以此限定圆形选择方式对应一个较小的范围,类似于 POI 范围内的影像。

2. 基于文本关键词的检索方式

由用户指定关键词,从多个网站及搜索引擎批量获取文本相关影像,其中一部分采用 API 调用的方式模拟各大影像分享网站的站内搜索功能,另一部分采用网页解析的方式模拟搜索引擎的搜索过程,由此获取与某一地物或景点高度相关的影像集。

对于如 Google、Bing、百度这样的大型搜索引擎而言,影像搜索引擎数据库的建设方式与文本搜索引擎数据库相似,对影像的排序和索引操作依赖于影像所在源网页的上下文文本描述,上下文描述与目标检索关键词的相关性越高则排序越靠前,所以以网页解析方式作为影像搜索引擎检索得到的结果集的排序,取决于搜索引擎自身的索引排序,即影像源网页上下文文本描述相关度的降序排列。

对于社交网站、影像分享网站和专业摄影网站,其官方 API 接口或网页解析模拟浏览器行为则提供更多的检索结果排序方式,比较主流的包括以热度、时间和相关性进行排序。其中热度主要来源于用户的点赞或浏览次数,相关性排序的索引来源于源网站用户或源网站图像目标识别算法对于影像的标签标注。本章调用 API 优选选择的是相关度排序方式,同时也提供了按时间降序排列的增量影像获取方式。

3. 基于 POI 关键词的检索方式

由用户指定某个地理位置附近的 POI,利用第三方网站提供的 POI 查询接口检索相应的所有 POI 数据集及 POI 详细信息,再次利用 POI 信息调用基于文本关键词的检索方式获取到该类 POI 的多源网络影像集合。若相应网站提供了基于 POI 签到影像查询接口,那么可以利用第一步得到的 POI 详情中的 POI ID 作为参数调用接口获取影像。基于 POI 签到影像查询接口获得的影像可以按照时间或热度排序,而利用 POI 关键词查询的影像排序则与前述文本关键词检索方式相同。

本章提供一个实时动态的网络影像获取平台,并不存储任何第三方开放平台的数据,而是采用每次用户请求实时动态调用的方式。依据每一次的影像数据返回结果,解析其中影像的 URL,并以列表的形式呈现,并将其作为一个矢量数据集在地图上进行标注。每一个地图上的点均可以与用户进行进一步的交互,点击 POI 点可以进一步显示 POI 的详细信息以及进一步搜索影像的交互,点击影像点可以在地图上显示影像以及影像的其他元数据。不同类型的影像类别具有不同的元数据和交互形式,本章应用在新浪微博的POI 中包含了签到信息与签到用户的性别与地域统计,在获取专业摄影网站的影像时包含了影像的相机参数等信息。

用户在移动地图时,应用将判断用户停止操作的触发点以及两次操作的地图中心点距离间隔,若用户移动地图的距离超过了一个阈值,则重新发起请求,再次调用 API 获取新范围内的 POI 或影像数据并刷新地图矢量点的显示。不同类别的影像获取设置不同的距离阈值,以保证不同数据源、不同分布稀疏程度的开放平台网络数据可以更加合理地在平台内呈现。具体形式为记录用户每一次对地图的移动操作停止时的地图中心点坐标,将其设置为起始坐标点,若接下来移动停止时获取到中心坐标与上次记录的坐标没有超过阈值,则不在浏览器内存中保存这个坐标点,下次计算时依旧以上次的起始坐标点进行计算,否则重新设定起始坐标点。

应用中包含了街景的模块,本章设计的应用利用腾讯街景的 Javascript 插件进行实现。当用户点击地图上的 POI 或影像矢量点时,街景将跳转到相应的地理坐标上,并以浮动标签的形式在街景上标注出这个对象的具体位置。同时应用可以直接将上述调用模式下获取到的 POI 点集以标签形式标注在街景上,当用户点击标签后可以直接跳转到该POI 点所在的场景。

4. 基于 Exif 的检索方式

随着数码相机技术的发展,目前大部分智能手机在拍摄过程中都能够将图像拍摄参数信息保存为"可交换图像文件格式"（exchangeable image file，Exif），嵌入到格式的头部。Exif 是专门为数码相机的照片设定的，可以记录数字影像的属性信息和拍摄数据。表 2-1 给出了一个 Exif 的信息示例。

表 2-1　Exif 提供信息示例

项目	信息（举例）
制造厂商	Canon
相机型号	Canon EOS-1Ds Mark III
图像方向	正常（upper-left）
图像分辨率 X	300 dpi
图像分辨率 Y	300 dpi
软件	Adobe Photoshop CS Macintosh
最后异动时间	2005:10:06　12:53:19
YCbCrPositioning	2
曝光时间	0.008 00（1/125）s
光圈值	F22
拍摄模式	光圈优先
ISO 感光值	100
Exif 信息版本	30,32,32,31
图像拍摄时间	2005:09:25　15:00:18
图像存入时间	2005:09:25　15:00:18
曝光补偿（EV+−）	0
测光模式	点测光（spot）
闪光灯	关闭
镜头实体焦长	12 mm
Flashpix 版本	30,31,30,30
图像色域空间	sRGB
图像列数	5 616 pixel
图像行数	3 744 pixel

Exif 主要具有以下作用。

（1）提高摄影水平。通过查看优秀作品的 Exif 参数，用户能够知道拍摄者使用的器材，并且了解到拍摄者所处的环境以及拍摄时使用的相机设置。通过比对 Exif 数据与图像内容，可以直观地了解到曝光组合的不同会对图像产生什么影响，以及不同焦距的镜头会产生什么样的视觉效果等，从而在以后的拍摄中进行改进，这也是数字影像相对于传统胶片的一个重要优势。

（2）提供编辑依据。很多图像编辑器会自动读取 Exif 数据来对图像进行优化，最常见的便是从 Exif 中读取出相机姿态信息，从而自动识别出竖拍甚至是颠倒拍摄的照片并对其进行旋转校正。也有一些软件可以根据 Exif 中的机内处理信息对图像进行针对性优化，从而保证图像不会因为过度处理而失真。

（3）方便管理。Exif 除了记录技术性参数之外，还允许用户加入自定义的信息。比如通过 GPS 信息可以知道照片具体的拍摄地点，Windows 允许用户加入图像关键词以便于用户日后的搜索和归类，加入图像描述或者注释还可以记录影像拍摄时的有趣故事。

（4）验证原图。由于拍摄影像经过图像处理软件的编辑后会丢失部分或全部的 Exif 元数据，Exif 信息的完整与否还是判断照片是否为相机导出的原始影像的重要依据。比如 Adobe Photoshop 在编辑图像后会删除大部分非技术参数，并将一些项目修改为其特有的值，因此很容易能够得知影像的编辑历史。

Exif 可以附加于 JPEG、TIFF、RIFF 等文件之中，为其增加有关数码相机拍摄信息的内容和索引图或图像处理软件的版本信息。Exif 信息可以被任意编辑，因此只有参考的功能。

所有的 JPEG 文件以字符串"0xFFD8"开头，并以字符串"0xFFD9"结束。文件头中有一系列"0xFF"格式的字符串，称为"JPEG 标识"或"JPEG 段"，用来标记 JPEG 文件的信息段。"0xFFD8"表示图像信息开始，"0xFFD9"表示图像信息结束，这两个标识后面没有信息，而其他标识紧跟一些信息字符。0xFFE0–0xFFD9 之间的标识符称为"应用标记"，一般称为 APPn，JPEG 的编码和解码并不会使用这些段，Exif 正是利用这些信息串记录拍摄信息如快门速度、光圈值等，甚至可以包括全球定位信息。按照 Exif 标准对这些标识符的定义，数码相机可以把各种拍摄信息记入数码图像中，应用软件可以读取这些数据，再按照 Exif 标准，检索出它们的具体含义，一般而言包括以下一些信息（表 2-2）。

表 2-2　Exif 标签号简介

标签号	Exif 定义名	中文定义名	备注
0x010E	ImageDescription	图像描述	—
0x013B	Artist	作者	使用者的名字
0x010F	Make	生产商	相机生产厂家
0x0110	Model	型号	相机型号
0x0112	Orientation	方向	有的相机支持，有的不支持
0x011A	XResolution	水平方向分辨率	—
0x011B	YResolution	垂直方向分辨率	—
0x0128	ResolutionUnit	分辨率单位	—
0x0131	Software	软件	固件 Firmware 版本或编辑软件
0x0132	DateTime	日期和时间	照片最后的修改时间

续表

标签号	Exif 定义名	中文定义名	备注
0x0213	YCbCrPositioning	YCbCr 定位	色度抽样方法
0x02AE	GPSCoordinate	GPS 坐标	—
0x8769	ExifOffset	Exif 子 IFD 偏移量	—
0x829A	ExposureTime	曝光时间	即快门速度
0x829D	FNumber	光圈系数	光圈的 F 值
0x8822	ExposureProgram	曝光程序	自动曝光、光圈优先、快门优先、M 档等
0x8827	ISOSpeedRatings	ISO 感光度	Exif 2.3 中更新为"PhotographicSensitivity"
0x9000	ExifVersion	Exif 版本	—
0x9003	DateTimeOriginal	拍摄时间	照片拍摄的时间
0x9004	DateTimeDigitized	数字化时间	照片被写入内存卡的时间
0x9204	ExposureBiasValue	曝光补偿	—
0x9205	MaxApertureValue	最大光圈	APEX 为单位
0x9207	MeteringMode	测光模式	平均测光、中央重点测光、点测光等
0x9208	Lightsource	光源	一般记录白平衡设定
0x9209	Flash	闪光灯	记录闪光灯状态
0x920A	FocalLength	镜头焦距	镜头物理焦距
0x927C	MakerNote	厂商注释	参见"厂商注释"一节
0x9286	UserComment	用户注释	用户自定义数据
0xA000	FlashPixVersion	FlashPix 版本	—
0xA001	ColorSpace	色彩空间	一般为 sRGB
0xA002	ExifImageWidth	图像宽度	图像横向像素数
0xA003	ExifImageLength	图像高度	图像纵向像素数
0xA433	LensMake	镜头生产商	—
0xA434	LensModel	镜头型号	—

Exif 数据嵌入图像文件本身。虽然许多最近的影像处理程序在写入修改的图像时识别并保存 Exif 数据,但大多数较旧的程序不是这样。许多影像库程序可以识别 Exif 数据,并且可以随意地将它显示在影像旁边。从照片文件中读取 Exif 部分以及从 Exif 中解析元数据的软件库有很多,例如用于 C 的 libexif、用于 C ++的 Adobe XMP Toolkit 或 Exiv2 和用于 Java 的元数据提取器 PIL/Pillow for Python 或 ExifTool for Perl 等。

Exif 格式具有位置信息的标准标签。截至 2014 年,许多相机和大多数手机都有一个内置的 GPS 接收器,在拍摄影像时将位置信息存储在 Exif 中。而一些相机有一个独立的 GPS 接收器,适合闪光连接器。记录的 GPS 数据也可以添加到计算机上的任何数码影像中,方法是将影像的时间戳与手持式 GPS 接收机的 GPS 记录相关联，或通过使用地图或地图软件手动地进行。将地理信息添加到影像的过程称为地理标记。像 Panoramio、locr 或 Flickr 这样的影像分享社区平台允许用户上传地理编码影像或在线添加地理位置信息。

5. 模拟反向影像搜索的检索方式

反向影像检索是指找到与一个或多个给定影像相似的所有影像。反向影像搜索服务的算法一般包含三个步骤。①将目标影像进行特征提取，采用 SIFT 描述符、指纹算法函数、散列函数等。也可以根据不同的影像设计不同的算法，比如影像局部 N 阶矩的方法提取影像特征。②将影像特征信息进行编码，并对海量影像编码做查找表。对于目标影像，可以对分辨率较大的影像进行降采样，减少运算量后再进行影像特征提取和编码处理。③相似度匹配运算，利用目标影像的编码值，在影像搜索引擎中对影像数据库进行全局或是局部的相似度计算。根据所需要的鲁棒性，设定阈值，然后将相似度高的影像缓存下来再进行特征检测算法进行最佳匹配影像的筛选。

本节集成反向影像搜索服务，由用户指定检索结果影像集合中的一张影像，获取其影像 URL 或影像二进制数据流，构造反向影像搜索服务的 URL，解析该页面内所有影像的具体链接，并转入该链接获取每幅影像的中高分辨率影像 URL。

2.2　众源影像数据的下载和管理

2.2.1　众源影像数据的聚合

就影像而言，其分布极为广泛，从社交网络到专业摄影网站等都包含了海量的影像。然而，目前尚未有影像收集平台可以很好地融合不同来源的影像，达到批量获取满足某一要求的所有影像的目的。目前的影像搜索引擎可供选择的约束一般为图像的尺寸、颜色和指定关键词等，不能批量获取影像链接或者批量获取原始影像，也不能批量获取影像对应的地理信息和元数据等。

本节提出一种能够批量获取不同来源影像并生成文件地理信息和元数据的聚合方法。首先，客户端对各网站来源的请求结果在初步处理之后，以遍历相应记录文件来获取所需的信息，其次对获取到每个记录的元数据进行筛选，以选择所需的对应记录集。同时，利用编辑模块以对经纬度信息和标签信息进行添加和修改。

由于平台本身来源的多样性，不同来源的影像往往包含不同的核心元数据，故本章提出利用后期的编辑整理模块，对不同来源的影像进行整合处理，使其符合进一步分析的规范。同时，由于 XML 文件本身在解析上的优势，可以使影像记录在后期入库、网页平台的展示以及本地平台的地理分析等方面都更加完善有效，提供了一个从下载到存储管理以备使用的良好途径。

2.2.2　众源影像的存储与管理

1.　智能移动端拍照设备应用

针对如今快速增长的移动端影像来源，本章研究智能手机上传影像在 WebGIS 框架下的检索和管理。如今大多智能手机包含的丰富传感器已能够提供对地理信息系统有价值的元数据（Sun et al., 2015），其中地理坐标可以通过内置的 GPS 接收机获取，手机姿态信息可以通过内置的三向陀螺仪获取，这些信息为基于众源影像的三维建模和其他与测绘和位置服务相关的应用都提供了相应的基础数据。如今主流的商业应用和 WebGIS 框架都没有包含与地理和相机相关的参数，而仅仅存储影像本身和用户相关的数据。针对这一点，笔者自主研发安卓手机影像上传应用，并制定手机影像存储管理和检索统一的可行框架。应用包括拍摄影像和上传到服务器的基本功能，在拍摄瞬间获取手机的国际移动设备识别码（international mobile equipment identity，IMEI）、拍摄时间、上传用户 ID 以及地理坐标和手机姿态信息作为元数据与影像本身一同上传至服务器，并且提供影像的文字标注和评分功能来丰富影像的信息。

2.　影像元数据的统一

不同第三方网站获取的影像，往往具有不完全相同的元数据，本章通过预定义影像元数据格式的形式统一影像描述。记录文件将记录影像存储的地址、影像上传或拍摄的时间、影像的原始 URL、影像的经纬度、影像的标签。标签往往可以通过 API 调用的方式直接获取到相应的标签信息，而对于网页解析的途径而言，通过对影像所在网页的相关描述性信息和标签所在的 HTML 元素进行抓取。时间信息是直接从返回数据集中得到的，一般而言是影像上传的时间，而一些社交网站提供的影像时间也可能是用户从移动端直接拍摄上传的时间；对于网页解析方式而言，这个时间是从相关网页上直接获取的原始信息。若影像 ID 可以直接获得其在网站服务器上的标识 ID 则直接使用此 ID；若无法获取相应 ID，则用其具有唯一性的影像链接作为唯一性标识。

针对智能移动应用上传的影像，服务器对于上传影像的存储方式关系到之后影像的检索方式，如果单纯利用文件的形式存储元数据则无法进行有效的检索。如图 2-4 所示，本章将影像的 ID、设备 IMEI、上传时间、上传用户、地理坐标、影像存储路径、元数据存储路径、文本标签、影像评分作为字段建立影像存储的数据表置于数据库中，而在本地存储影像文件和一份独立的元数据文件。上述字段确定了影像可行的检索方式，而影像本身可以通过数据表中的影像存储路径进行访问，其他元数据则可以直接在数据库检索过程中返回。考虑到不同的智能手机可能会包含更加丰富的传感器，如速度测量仪、海拔高度计、三向陀螺仪等，笔者在服务器端也存储了一份独立的元数据文件，以保存一个更为完整的元数据文件，作为数据库中元数据的备份。

数据库表单和服务器本地存储文件相互映射的关系确立了一种访问方式与实际物理存储相互独立的形式，在检索影像时并不需要关心影像具体的存储位置，可以按照影像的

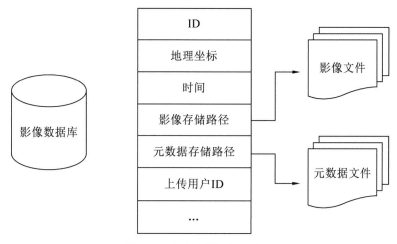

图 2-4　网络影像存储模式

时间、位置、用户、标签等字段进行高效地检索。在存储本地文件时，每个用户建立一个文件夹的同时存储该用户上传的影像文件及元数据文件。

本地存储的影像为原始上传的影像文件，大小为拍摄时的原始尺寸，在检索和最终的网页呈现过程中，客户端指定影像的宽度参数并发起请求，服务器按照请求的宽度参数对影像按比例压缩后再进行传递以减少网络开销。

2.2.3　众源影像的批量下载

本章实现网络影像的异步下载。用户在网页客户端提交下载请求后，服务器根据用户提交的关键词、来源网站与数量等信息自动开启下载任务。由于第三方影像搜索 API 均有利用关键词匹配程度进行排序的接口，故本章系统通过不同的来源渠道获取匹配度最高的影像集合，将目标影像的元数据整理成易于管理和使用的结构化 JSON 数据集，并将所有影像和元数据文件进行压缩形成数据包。

在服务器完成数据下载任务后，用户将收到包含数据包下载链接的邮件。网页端的用户管理系统提供了用户注册与登录等基本服务，用户登录后即可提交任务并显示当前任务的处理状态和历史下载任务的列表，用户在关闭浏览器后依然可以收到任务的邮件提醒。服务器异步下载的模块将自动分析用户提交的目标关键词，并对指定来源的网站进行 API 调用与元数据分析。

1. 众源影像批量下载的用户管理

为了满足对于众源实景影像进行下载的需求，平台需要搭建用户系统。平台实现了用户的注册、登录以及单独的下载任务管理。后台为每位注册用户在数据库建立统一用户表，其中包含用户的基本信息，如邮箱和用户名等，还包含了对下载任务管理文件夹的地址。用户下载任务管理文件中包含了用户每次请求的下载配置列表与相应的下载数据文件。每次用户登录后即可查看当前下载任务列表中所有任务的处理状态,对于已经完成的任务,用户可以直接通过下载链接下载压缩打包的众源影像数据集以及相应的元数据集。

2. 众源影像批量下载的请求管理

平台在用户系统的基础上实现多用户下载请求的分配。用户在前台填写所需众源影像的文本关键词、来源网站、所需数量和时间段等信息后,后台对于请求的处理分为三个阶段。①第一个阶段,系统将这一请求以及请求的用户信息一同添加存储到服务器数据库的一份动态请求队列表中,同时调用一个后台进程去进行请求元数据文件下载的批处理。②第二个阶段,元数据文件批处理进程会以先进先出(first in, first out, FIFO)的方式读取当前最早进入动态请求队列表中请求的配置信息,并以 API 调用或网页解析的方式下载对应配置信息制定所有第三方源网站的影像的元数据,同时在用户文件夹中生成对应的统一元数据 JSON 文件以及待下载影像集合的文件夹,并且将动态请求队列表中的数据项同步到用户文件夹的一份静态请求列表文件中。③第三个阶段,在批处理进程当前请求的元数据下载后会启动影像数据下载进程,进行最后的影像数据下载。影像下载进程同样会首先读取动态请求队列表中标记为元数据下载完成的请求配置信息,并访问到请求所在的文件夹地址,读取此请求已经完成的统一元数据列表,根据其中的影像链接进行多线程批量下载影像。下载进程将维持一个固定数量的线程池对所有影像链接指向的影像数据进行下载,在当前线程数小于线程池规定的最大数量时,每个影像链接的下载都会启动一个新的线程进行并行下载,而在当前线程数等于类线程池的规定最大数量时,新的下载任务会进行等待,直到线程池内的线程数量下降到最大规定数量的一半时,新的下载任务被继续添加到线程池中。

在请求处理的三个阶段中,由于采用了异步的进程启动策略使得网站前端能够得到阶段性的任务处理状态反馈,但同时也带来了进程通信与请求异常处理的问题。本章采用动态请求列队数据库表的方式来进行进程通信,动态请求队列表以下载请求作为数据项,一个用户可以在前台提交多个请求,而请求也可能来自多个不同的用户,动态请求队列中的请求只以请求的时间进行排序并以此作为后序处理的最小处理单位。每个请求包含一个请求处理状态的整数值字段,这个字段表明了请求的处理阶段。当处于上述第一个阶段,即下载请求刚被添加到动态队列表中,此时请求尚未完成元数据的下载,此时字段的值为 0。在第二阶段,如果元数据批处理进程失败,则将此请求标记为-1,表明元数据下载失败,并在用户文件夹的请求列表中同步标记请求失败;若元数据下载完成则将请求处理状态的值标记为 1,表示此请求可以进入下一个阶段。在第三个阶段,影像下载进程启动会选取当前动态队列表中第一个请求处理状态值标记为 1 的请求进行影像批量下载,批量下载完成后此进程将在用户文件夹的请求列表中标记请求成功,此时数据项中的状态标记为 2,同时压缩当前请求的统一元数据文件和影像数据集文件夹,启动邮件服务给对应用户发送邮件提供当前请求任务压缩包的下载链接,最后进程将当前请求数据项在动态队列表数据表中删除。本章利用数据库表实现类似进程间信号传递的机制,以保障异步的用户反馈、进程通信以及异常处理。

3．众源影像批量下载的线程管理

多线程程序是指在应用中使用多个线程。线程相当于一种轻量级进程，它是一个基本的 CPU 执行单元，也是程序执行流的最小单元，由线程 ID、程序计数器、寄存器集合和堆栈组成（周学威 等，2011）。线程是进程中的一个实体，是被系统独立调度和分派的基本单位，线程自己不拥有系统资源，只拥有一点在运行中必不可少的资源，但它可与同属一个进程的其他线程共享进程所拥有的全部资源。一个线程可以创建和撤销另一个线程，同一进程中的多个线程之间可以并发执行。由于线程之间的相互制约，致使线程在运行中呈现出间断性。线程也有就绪、阻塞和运行三种基本状态。引入进程的目的是使多道程序并发执行，以提高资源利用率和系统吞吐量；而引入线程，则是为了减小程序在并发执行时所付出的时空开销，提高操作系统的并发性能。

常见网络服务器的请求处理过程中有两种基本的模式（杨开杰 等，2010），一种是引入多线程和线程池的方式，其中线程池通过预先创建线程来节约线程开启的时间，而相应的缺陷是当并发数大于线程池大小时性能会发生很大的下滑；另一种模式是非阻塞和事件驱动的请求处理模型，阻塞调用是指调用结果返回之前，当前线程会被挂起而调用线程只有在得到结果之后才会返回，非阻塞调用在不能立即得到结果之前该调用不会阻塞当前的线程，相比之下，非阻塞和事件驱动的模型具有更好的并发处理性能。

针对异步任务请求和影像批量下载的特征，本章采用上述三个处理阶段，异步调用两个进程分别处理多源第三方网站影像元数据的下载和影像数据自身的批量下载，并且利用动态请求队列数据表进行进程间的通信、前端反馈和异常处理。由于众源影像检索的过程主要是网络爬虫对于元数据的爬取，这里将元数据爬取过程和影像数据的下载过程用进程分离，一方面可以及时地在客户端进行状态反馈，另一方面可以很好地分担网络服务器自身的进程压力。由于下载任务处理过程中唯一共享的资源是单个请求的配置信息，所以本章利用动态的数据库表来实现请求队列，这样在进程访问共享资源和通信时可以利用数据库自身并发控制机制来保证操作的一致性。在第三个阶段，即影像数据的批量下载过程中，由于影像下载任务没有任何数据通信的交互，所以此进程采用类线程池的方式来实现多线程下载。影像下载进程将维持一个固定数量的线程池，来对所有影像链接指向的影像数据进行下载，在当前线程数小于线程池规定的最大数量时，每个影像链接的下载都会启动一个新的线程进行并行下载，而在当前线程数等于类线程池规定的最大数量时，新的下载任务会进行等待，直到线程池内的线程数量下降到规定的最大数量的一半时，新的下载任务才会被继续添加到线程池中。

这样三个阶段的管理避免了传统网络请求多线程基本模型的数据同步和线程数量增长的问题，通过服务器进程的使用，把数据库表作为动态队列表进行并发控制，并在第三阶段使用类线程池的多线程处理来下载单一影像数据。

2.3 众源影像的过滤

从 20 世纪 70 年代至今,影像检索技术经历了基于文本的影像检索、基于内容的影像检索,以及基于语义的影像检索三个阶段(Dharani et al., 2013)。最初的影像检索系统是基于文本的检索。系统的建立需要人工标注影像的相关信息,或者通过提取影像所在网页的上下文文本进行录库,用户查询时利用查询接口,输入关键词,系统自动完成关键词和图标标注的比较,通过适当的查询机制给出检索结果。本章集成较为成熟的商用影像搜索引擎、社交网站以及影像分享网站,不论是基于上下文文本提取还是基于用户文本标注的机制,都是采用的这种方式。而这种检索方式会导致检索结果中出现大量与用户需求无关的数据。

本章通过基于特征点匹配和基于深度学习两种筛选方法,实现对无关众源影像的过滤。这两种方法在流程上都是先对影像进行特征提取,然后通过与标准影像的比较来实现对无关影像的剔除。但是这两种方法在对影像进行描述时使用的特征提取方式又不完全相同。前者是以影像的关键点为特征对影像进行描述,而后者是以影像的全局特征作为影像描述。

2.3.1 基于特征点匹配的过滤方法

目前影像检索结果的过滤很大程度上依赖于人工检测的方式完成,本章首先利用影像关键点提取和关键点匹配的方法,在影像检索结果的数据集中寻找具有较大组内相似度的影像,这种方法一方面可以从检索结果同质性的角度对影像检索系统进行评估,另一方面,假定用户提交的标准影像为正确时,本方法还可以提供不相关影像剔除的预处理参考。

在具体流程(图 2-5)上,可以分为两个阶段:①用户上传或者选择一张标准影像,然后提取标准影像的特征;②提取所有检索影像的特征,然后与标准影像的特征进行比较,将特征相似程度低的影像剔除。用户在选择标准参考影像时,可以在检索结果中选择一张影像,也可以自行上传一张标准影像。由于检索目标本身存在差异性,检索到影像的尺度、方位和细节不同,而且检索满足基于三维重建或街景增强的影像通常有针对性的要求,所以需要根据每次检索结果影像的相似性来自定义阈值进行过滤。

同一地标建筑物的实景影像检索结果在理论上应具备一定的组内同质性,这里相似度定义为影像关键点匹配的数量在整个集合中超过最大匹配数量的一个比值,本平台中默认比值设置为 50%。对于每次检索得到的影像集合 H,将用户提交的标准影像与集合中的所有剩余影像进行关键点匹配,得到标准影像 S 与所有检索结果影像的匹配点数量,令检索结果影像中关键点匹配数量最大值为 N_{kpmax},若匹配的数量小于最大值的一半,则将影像进行过滤。

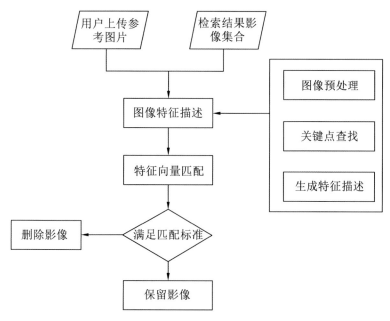

图 2-5　基于特征点匹配的影像过滤

2.3.2　基于深度学习的众源影像过滤

近年来,深度学习在影像分类、模式识别、影像处理等领域发挥了越来越重要的作用。卷积神经网络不仅能够深入挖掘数据的多尺度特征,对于平移、比例缩放、倾斜和其他形式的变形具有高度不变性。利用卷积神经网络对众源影像进行特征提取,不仅能更丰富地描述影像的具体信息,而且对影像中的变形具有一定的识别性。针对基于上下文文本和基于标注机制检索到的众源影像数据,通过深度神经网络提取影像的特征,然后比较这些特征与标准影像特征的相似性来过滤掉与用户需求无关的众源影像。同时引入基于内容的影像检索机制,令用户通过上传标准影像的方式,提取影像关键点的描述性特征进行匹配,实现基于第三方 API 调用和网页解析的众源影像的过滤。

本章选取的是 VGG-16 深度卷积网络模型。该模型由 13 个卷积层、4 个池化层和 3 个全连接层组成。当卷积核检测到输入信号上的"感兴趣点"时,网络就会被激活。池化层则用来逐步降低影像的空间分辨率和参数量。通过卷积层和池化层的堆叠,网络模拟人眼视觉的机制对输入影像在多个尺度上提取其深度显著性特征,将影像变换到特征空间。最后,通过全连接层将学习到的特征映射到样本标记空间,对影像的相似性进行预测,从而得到特征向量。

针对得到的特征向量,经过归一化之后,就可以进行相似度比较。本方法采用两种方式对过滤结果进行处理。第一种是设定一定的阈值,当影像与标准影像的特征相似度小于阈值时,过滤掉该影像。这种方法能快速地过滤掉无关影像,但是存在阈值难以确定、根据每次筛选的内容阈值又不尽相同等问题。整体形式如图 2-6 所示。

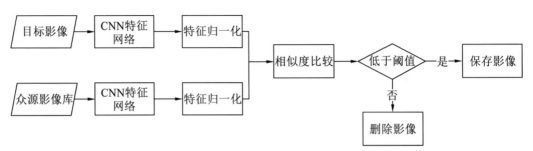

图 2-6 基于深度学习的影像过滤方法

针对以上问题，本方法还提供了第二种方式，将影像相似度比较的结果进行排序，这样用户就可以通过简单的设定自己想要影像的张数来实现过滤。并且获得的影像是按照相似度由高到低的顺序排列的，用户可以优先选择质量较高的影像进行使用。以黄鹤楼为例，图 2-7 显示了通过本方法筛选得到的 210 张黄鹤楼影像，可以发现过滤后的影像，全部具有很高的相似性。

图 2-7 经深度学习筛选后黄鹤楼的缩面图

2.4　众源影像数据的检索性能评价

2.4.1　众源影像的检索评价方法

任何一个检索系统或检索相关的技术,都存在一系列的问题,比如检索方法的对比、检索系统索引的选择、新的检索算法的评估以及检索技术与系统能力的统筹协调。这些问题广泛地分布于文字检索、数据库和计算机视觉等多个领域,在很多情况下这些问题可以通过一个标准化测试集合、检索请求和评价方法来解决(Müller et al., 2001)。检索性能评价同样是影像检索的一个关键问题,有很多不同的评价方法已经被研究者们所使用。影像检索和基于文本信息检索在检索系统的层面上有一定的相似性,影像检索一般有两种不同的形式(Dharani et al., 2013)。其中广泛应用的一种是基于标注文本的检索方式,在建立影像检索数据库的过程中,利用影像所在网页的上下文文本信息,建立相应的词汇索引,这种建立索引的方式和普通的基于文本检索的信息检索是一致的;另一种方式是基于内容的影像检索,在影像数据库建立时提取了影像的关键特征作为影像的描述,在用户提交影像请求的过程中同样会对目标影像进行关键特征的提取并在数据库中进行特征匹配,这种检索方式能够更好地体现影像本身的相关性,与此同时这对于检索结果相关性的评价也提出了新的挑战。虽然影像检索系统和基于文本的信息检索系统存在一定程度的区别,但信息检索领域的很多评价方法和指标可以用于影像检索系统的评价。

测试数据集方面,从 1991 年开始召开的文本检索会议(Text Retrieval Conference, TREC)是一个由美国国防部高等研究计划署与美国国家标准和技术局联合主办的文本检索领域最为权威的评测会议,它提供了一个标准化的文本库,会议参与者需要对一个 2 G 大小的文本数据进行索引,数据集包含不同的主题和不同的评价方法,其数据规模随着计算能力的增长而相应的增大。

相关性评价方面,文本检索会议对文档相关性的评价是二元的(Schubert et al., 2013),即相关或不相关,只要文档包含了检索目标则认为文档是相关的,不论文档的哪一部分包含或包含目标所占的比例大小。

评价指标方面,在信息检索系统结果评价中运用最多的评价指标是查准率(precision)和查全率(recall)(Müller et al., 2001),通常表示为以查准率和查全率分别作为 x 轴和 y 轴的 PR 图(PR graph)。查准率是检出的相关影像与检出的全部影像的百分比,查全率是检出的相关影像与全部相关影像的百分比。由于 PR 图不一定包含所有的检索性能信息,还有一些基于查准率和查全率的别的指标被用于 TREC 的文本检索评价中,包括前 10 个文档的查准率、前 30 个文档的查准率,所有测试检索结果的平均查准率,查准率在 0.5 以下的查全率,查询结果在 1 000 个文档后的查全率,相关文档在检索系统中的排序等。这些关键指标提供了文本检索系统的性能描述,这样不同的检索系统就得到相应有意义而且客观的比较。

现阶段对于影像检索的评价相比基于文本的信息检索还存在一定的差距,存在很多与文本信息检索不一致的地方。在标准化检索测试数据集方面,影像检索的目标更加多样化,不同影像库存在很大的差异,目前影像检索所使用的影像标准库,例如 Corel photo,包含了不同大类的影像,比如自然景观、人文景观等更多是用于影像分类的相关研究,而由于影像内容的不确定性,具体的检索目标包含则难以定义。在相关性定义方面,影像检索目标的相关性与文本检索关键词的集合包含关系有很大的区别,它受到检索目标尺度、方向和类型等因素的限制,故影像检索系统中的相关性更加难以定义。在评价指标方面,除了依据相关性定义查准率和查全率以外,还有检索速度、影像质量等因素需要考虑。本章结合基于文本的信息检索系统评价方法,综合影像相关性、检索效率和影像质量三方面因素,针对网络第三方影像检索服务对众源实景影像的查询进行评价。

1. 常见影像检索评价方法

定义一个通用的影像集合。定义通用影像集合存在一些显著的问题,包括影像集合的主题和内容,以及影像内容在不同领域的差异性和覆盖面,比如基于内容的影像检索领域中的医学影像、车辆检测、人脸识别和消费品影像等,多数研究运用的是影像库中的一个子集。另一个途径是建立研究自身所需的一个专用影像数据集,并以开源的方式提供影像数据集的扩充方式。如今随着网络上社交网站以及影像分享网站的崛起,海量的影像由用户通过客户端上传至网站服务器,这本身就形成了一个海量的影像检索性能评价的测试数据集,相关的研究可以针对某个来源网站或多个来源网站进行相应的测试和分析。

定义相关性评价测度(Müller et al., 2001)。在基于内容的影像检索领域,对于影像请求相关性评价的指标尚未出现一个统一的标准。目前有几种方式来进行相关性评价。①利用影像集合预定义的子集。一种常见的方式是利用一个标准影像数据库已经定义好的主题分类,这些影像已经进行了基于标签的预定义影像分类,这种方式常常出现在影像分类和对象识别相关的研究中。这种评价方式取决于预定义影像分类子集的标注方式,作为真检验的影像子集来自于人工标记,而人工标记的标准则具有很大的主观性,同时也会受到分类本身的影响。有些分类在组内具有很高的趋同性,而另一些分类则在组内存在很大的差异性。除此之外,分类可以基于影像的全局视觉相似性,也可以基于影像是否包含特定的目标。②专家分组。这一种相关性评价的途径是利用专家基于某些标准对影像进行识别和分组,这种分组方法常常被用于医学领域的影像识别研究,由专业的医生进行诊断式的影像分组,并以此作为真检验。③模拟用户。一些研究利用基于内容的图片检索(content based image retrieval,CBIR)系统的一些成熟的测度去模拟分辨和识别影像,并以此作为影像检索系统的相关性评价方式。然而研究表明,这种方式依然难以替代真实用户的评价标准。④真实用户评价。利用真实用户评价对影像检索系统进行检验,依据预定义的标准,根据一组用户对多组影像检索的结果来评价其相关性。

用户确定相关性的方法还有以下三种,分别适用于不同的量化评价方法。①预先指定一个阈值,对每一个测试查询影像,由若干用户评判影像数据集中的影像与示例影像相关与否,若判定该影像相关的用户人数大于给定阈值,则判定该影像为相关影像。最终检索影像数据集结果分为相关影像和不相关影像两个部分。②依旧由用户评判影像数据集中的影像与测试查询影像是否相关。对于每一幅图，首先统计判定该图为相关影像的用户个数，然后将该统计值进行归一化，并把它作为该影像相关性权值。③由用户根据影像数据集中每个影像与测试查询影像的相关性大小来进行排序，其中最相似的赋以序号 1，次相似的为 2，以此类推。这种评判方法的结果将产生一个矩阵，矩阵的行表示影像序列，矩阵的列表示影像的相关性排序，而矩阵的值表示某影像被评价为对应排序的用户人数。

2. 常见图片质量评价方法

本章研究众源实景网络影像的聚合与检索，为了影像能够用于三维重建和街景增强，除了检索结果的相关性因素以外还需要考虑影像质量因素。影像质量是影像处理应用领域及算法比较的一个重要指标，因此在影像采集、编码压缩、网络传输等领域建立有效的影像质量评价机制具有重要的意义。对于影像质量评价算法的研究已经有一定的积累，典型的模型有基于人类视觉系统（human vision system，HVS）的图像质量评价模型，基于结构相似度（structural similarity image measurement，SSIM）的评价模型等（Liu et al.，2011）。

影像质量评价在宏观层面有基于人工和算法两种方式，包括主观评价及客观评价。前者基于人机交互影像评级和对比的实验进行测评（Xu et al.，2012；Ribeiro et al.，2011），后者依靠建立影像相对于原始影像质量下降的模型或人类视觉模型来进行定量分析。主观质量评价很大程度上依赖于实验中真人观测者的视觉感知，因此主观测试经常被用于提供影像质量评价的真检验以及客观方法的验证。传统的实验要求观测者对图像进行等级评分，而这种方法缺乏相应的分级标准和可解释性。随之而来的是影像对比实验，在此类实验中观测者被要求同时对原始影像和质降影像进行对比并选择其中质量更好的影像。与此同时，国际电联电信标准化部门发布的相关标准 BT.500—11，对主观质量评价过程中的测试影像、人员、观测距离以及实验环境等做了详细规定（章化冰，2011）。目前有研究者就主观质量评价体系的组成环节进行了相应的改进（Baroncini，2006），Hoffmann 等（2008）通过在主观评价过程中引入测试者反馈信息，加快了主观质量评价过程。主观质量评价方法需要对大量测试影像进行反复实验，相应的时间成本、资源成本以及人工操作成本都很高，同时由于主观质量评价方法中的对比机制依然需要原始影像，对于缺乏原始影像的情况还是只能选择评分方法。

客观质量评价相对而言操作简单、成本低、易于解析和集成，且可以对特定类型的影像失真原因进行定量地分析，在实际应用中主观评价和客观评价方法常常相互结合。其中单视点的客观影像质量评价方式通过建模得到的量化指标或参数来评估影像质量。根据方法是否依赖参考影像，它可以分成全参考、半参考和无参考三种方法（Liu et al.，2011）。

全参考影像质量评价需要利用原始影像进行模型分析，这个领域已经有深厚的研究历史，并且重点针对影像在网络传输、压缩和其他处理过程中的质降过程。影像质量的评价取决于待评影像信号和原始影像之间相差的误差信号的计算，影像质量的下降和误差信号的强弱有关。其中比较简单的质量评价算法是均方差（mean squared error，MSE）和峰值信噪比（peak signal-noise ratio），两者的计算复杂度均比较小，但它们与影像的感知质量没有必然的联系（褚江 等，2014）。更为复杂的方法是基于人类视觉系统的评价方法，这类算法主要包含基于误差灵敏度评价算法和基于结构相似度评价算法两类。基于误差灵敏度的评价主要采用非线性多通道流程，是一种自下而上的视觉模拟过程。基于结构相似度的影像质量评价主要从自然影像的特定结构入手，即表现为数字影像中像素间的关联性和对象从属关系来分析影像质量，是一种整体性提取人类视觉结构的过程。

半参考方法只需要提取部分原始影像数据并生成代表原始影像的特征来进行评价。半参考评价方法也可以分为两类（王旭 等，2009）。根据特征参数传输方式的不同，一类是依赖额外带宽通过无失真信道向客户端发送特征参数；另一类是利用影像水印的原理嵌入原始影像的编码信息，并以此进行质量对比。半参考影像评价方法的核心在于如何选取有效的特征参数来表征原始影像，包括影像在空间和时间上的特征、对比度、空间频域、纹理细节特征等。

无参考评价方法不需要原始影像，其研究尚处于初级阶段，主流的研究分为两种方式（朱文斌 等，2015），一种是基于特定的失真类型进行评价，另一种是基于机器学习数据训练的方式。基于特定失真类型的评价主要针对块效应和模糊等编码失真。块效应是指压缩图像在分块的边缘处产生的数字信号不连续，而模糊失真则主要体现在量化图像高频信息的丢失程度。机器学习数据训练的方式无需建立一个明确的图像质降模型，而只需要学习过程中计算的神经网络参数，最终输出影像质量的分类判断，机器学习的方法可以应用于所有类型的失真影像，使用范围广泛但是需要进行较为复杂的数据训练，且相应影像质量结果会受到训练数据的影响。

众源实景影像检索得到的影像数据集，只能采用无参考评价方法。一方面由于网络影像的原始影像很可能无法获取，另一方面引起众源影像质量下降的原因众多，其原始影像本身就可能因为模糊或尺度原因而不适合用于三维重建或街景增强。与此同时，针对特定失真模型的评价也不适用于本章的分析，因为众源影像产生失真或降质的因素极其复杂，可能来源于上传者拍摄失误造成的运动模糊或对焦模糊，或来源于上传者拍摄过程中曝光失误，也可能来源于网站处理过程中的压缩失真等（Ke et al., 2006），故针对第三方网络影像的质量评价并不能只应用某个单一的失真模型。由于本章的众源影像检索系统针对的是地标性建筑物的实景影像，且主要应用于后期三维重建和街景增强，重点在于图像纹理的清晰度，本章利用影像对比度和图像频域空间高频所占比例两个测度，对网络检索结果集合中的影像质量进行针对性的评价。除此之外，由于检索目标在影像中应该占据大面积的主体，所以两个测度均从整体的角度对整幅影像进行计算，这样就避免了目标识别的复杂过程。

3. 影像检索结果的评价流程

本章从检索结果与目标相关度、检索效率和影像质量三个层面，建立一套针对第三方网络检索服务中特定影像数据集的评价体系，同时也是本章对众源实景影像检索聚合平台可用性的一种评估。

利用一组地标关键词作为检索测试组，对众源影像检索平台集成的第三方影像查询服务进行调用，并对获取到的检索结果影像集合进行评价。在相关度层面，相关性定义为相关影像与检索结果影像集合的比例，其中相关影像为包含检索目标的影像；在检索效率层面，定义检索速度为从发起请求到前台获取到数据所用的时间；在影像质量层面，利用影像对比度和影像频域高频两个测度所占比例来衡量影像的质量。

2.4.2　众源影像的检索评价指标

1. 数据集的相关度

区别于检索评价过程中常用的人工判别，本章使用一种无参考自动判别检索结果影像集与检索目标相关度的方法。由于检索结果缺乏相应的参考影像，采用基于影像匹配和目标检测的方式判断检索结果影像集中每张影像与这个影像集的关系，一个良好的影像检索结果组内的影像应该具有较高的相似性，而地标类实景影像则应该包含相同的目标，利用结果集中单张影像与检索结果中的其余所有影像进行匹配和目标检测，并统计良好匹配的影像数量，以此来判断这是一幅与其余大多数影像相似的影像或不相似的影像。若与其余影像良好匹配的数量超过了一个阈值，则认为这幅影像是一幅相似影像。最后以所有相似影像在检索结果影像集合中所占的比例，作为本次结果的相关度判定。

同时本章利用人工评估方式作为真检验，定义包含检索目标的影像为相关影像，取所有相关影像在检索结果影像集总数中所占比例为相关度的真值。

2. 检索速度

对于第三方网络影像检索服务而言，检索速度包括很多因素，比如数据库查询的速度、后台业务处理的速度、影像服务器的影像数据传输的速度、前台影像渲染速度，以及与业务无关的网络延迟等。从处理阶段而言可以分为多个步骤，比如服务器读取数据库的时间，服务器进行动态处理的时间，前台请求获取到数据的总时间，网页渲染所用的时间。本章利用一组地标关键词作为检索测试组，每个单一地标关键词重复请求 20 次，计算这 20 次检索时从请求到前台获取到影像元数据数据集的平均时间，把它作为检索速度的评估标准。

3. 影像对比度

为了反映影像整体的灰度范围，利用影像对比度来进行描述。影像对比度一般指一幅影像中最亮区域和最暗区域之间不同亮度层级的测量，即一幅影像灰度反差的大小。影像对比度的计算方式有很多，本章从灰度直方图中灰度值最大和灰度值最小的像素所占比例和直方图宽度进行整体评估。

其中对比度定义为影像灰度直方图中间 98% 的像素数占用灰度值区间的长度。首先令 RGB 图像 I_s 三个通道取平均值灰度化为 I，统计灰度直方图左侧 1% 像素数在灰阶像素值 0～255 上的位置，再统计出灰度直方图右侧 1% 像素数在灰阶像素值 0～255 上的位置，由此得到直方图中间 98%的像素数所占的灰度值区间的长度 L，并令对比度 C 为 $L/255$。

4．影像高频比例

为了反映影像整体的细节清晰度，利用影像在频率域的高频比例来进行描述。傅里叶变换的核心是利用不同振幅和不同相位正弦函数的叠加来模拟周期函数，在一维函数中最为经典的表现是从时域到频率的转换，对于二维离散空间的数字影像而言，离散傅里叶变换是将图像的空间域转换到频率域，而对于图像而言，频率则意味着影像灰度的变化趋势，即影像像素灰度的空间梯度。一幅清晰的影像往往具有更加丰富的细节和更加剧烈、显著的灰度变化，即拥有更大的局部对比度，在智能拍照设备的对比对焦技术中也常常通过最大局部对比度来计算对焦距离。本章统计影像傅里叶变换后的高频区域所占比例来衡量影像整体的频率分布情况，高频比例越大，相应灰度变换的梯度越大，影像的细节会更加清晰。

2.4.3 众源影像检索平台可用性实验

本章利用搭载 Windows Server 2012 系统的服务器，以 Python 为后台语言搭建了整个应用，前台在检索影像时均采用 Ajax 技术来保证异步流畅的加载。本应用以典型 WebGIS 界面结构为例，在主界面以地图填充整个导航栏以下部分，并在主界面设置可以隐藏的用于放置影像列表的容器以及放置街景的容器，使用户在任何操作下都可以方便地同时查看影像、地图上的位置以及相应位置的街景。在导航栏部分，结合本章对于影像检索和管理的思路，应用设计以关键词检索、以分类条目检索和手机上传影像三个分离的模块，并且单独设计用户登陆模块，以实现对于手机上传影像的用户标注和评分。在街景模块中，应用设置与地图位置的联动以及在街景中融合 POI 标签的功能。应用界面如图 2-8 所示。

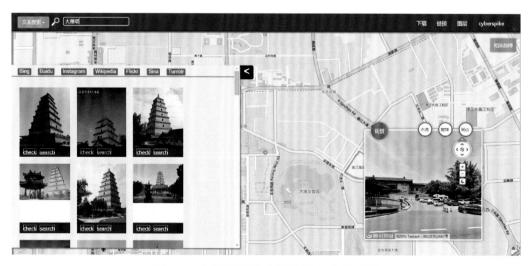

图 2-8　众源影像检索服务平台应用界面

1．众源影像实时检索性能分析

本章搭建平台的影像检索服务上集成了 Bing 影像搜索、百度影像搜索、新浪微博影像搜索、Flickr 影像查询、Instagram 影像查询和 Tumblr 影像查询等，同时平台具备添加其他第三方影像检索服务的扩展能力。在网络影像检索的 POI 搜索影像方式中，本应用集成了 8 种类型的 POI 点和影像检索服务，包括景点、学校、休闲、同城活动、新浪 POI、新浪影像、500px 影像以及微软 PhotoSynth。其中景点、学校、休闲 POI 来自高德的分类 POI 服务，同城活动来自豆瓣的服务，新浪 POI 和新浪影像来自新浪微博的附近位置服务接口，500px 影像来自专业摄影网站的服务接口，微软 PhotoSynth 为微软提供的用户上传的街景服务。本章以高德地理位置服务接口景点的 POI 数据为例进行实验，选取武汉市内不同的 10 个随机区域，分别获取 20 个 POI 点，每个 POI 点分别选取 Bing 影像检索结果前 50 张影像衡量其相关性，其中相关性定义为相关影像与返回总影像数量的比例，笔者认为包含 POI 区域事物的影像为相关影像。实验数据表明由于网络环境等影响，个别会出现超过 3 s 的延迟情况，但总体速度稳定在 1 s 左右，检索影像的相关性稳定在 90%以上，其中第一个试验区域所有 POI 点影像的平均检索速度为 1.084 5 s，平均相关度为 95.2%，如图 2-9 所示。所有实验区域的平均检索相关度如图 2-10 所示。总体而言，本章研究表明由于当下网络带宽的发展，实时动态地利用第三方开放平台 API 服务进行聚合，可以为 WebGIS 提供一个新的发展方向。

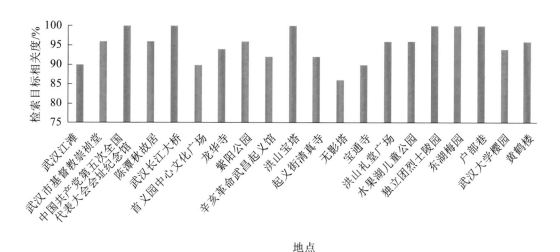

图 2-9　实验区域 1（ROI1）的网络影像相关度

本章融合 POI 检索的目的在于提供快捷的 POI 影像搜索途径，如图 2-11 所示，用户在搜索局部 POI 的分布之后，即可点击 POI 的标签文本直接进行基于关键词的影像多源查询。

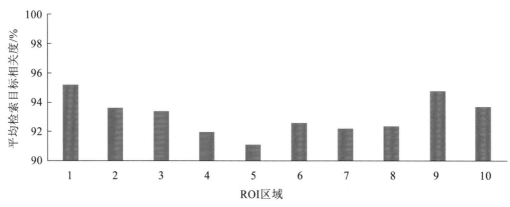

图 2-10　所有实验区域的平均网络影像相关度

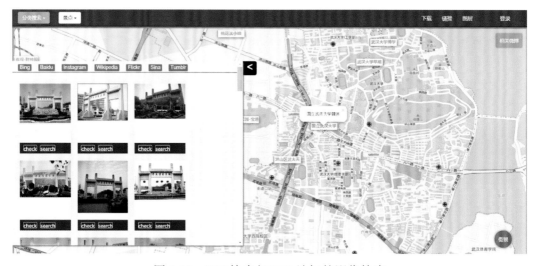

图 2-11　POI 检索与 POI 地标的影像检索

　　为了达到丰富地物显示的目的,在集成 POI 检索时加入了 POI 点详情分析。如图 2-12 所示,平台对于新浪微博的 POI 还提供了 POI 点签到用户的性别统计、地域分布以及情感词分析。其中性别统计为男性签到用户与女性签到用户的比例;地域分布统计为签到用户所填写的地域与当前 POI 所在地是否一致的比例;而情感词统计则利用积极词表和消极词表对 POI 签到文本分类后进行匹配,定义积极词汇大于消极词汇的文本为积极的评论信息,积极词汇等于消极词汇数量则为中性评论,积极词汇小于消极词汇数量则为消极评论信息。

2. 智能移动终端上传影像检索性能分析

　　本章在实验中用自主开发的安卓手机影像上传应用上传了 225 张实景影像,按照相应的数据库存储策略,每张手机上传影像都包含了上传时间、地理坐标和用户等丰富的元数据,提供相对较为丰富的检索策略,并在网页端显示服务器上实时生成缩略图。图 2-13 是一个本地上传影像检索界面的示例。

图 2-12　新浪微博 POI 检索与 POI 详情用户统计

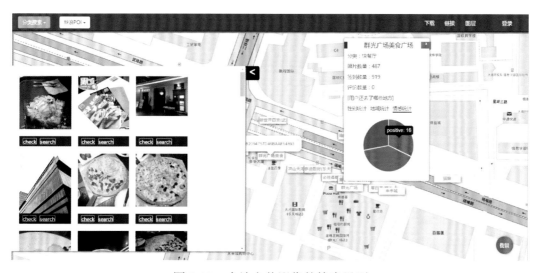

图 2-13　本地上传影像的检索界面

分别利用地理、时间和用户等条件限制作为变量进行影像检索，测试获取到数据、最终在网页上完成影像和地图标注以及街景数据渲染的时间。每次按照上述限制条件检索 50 张影像，测试 20 次的平均速度，结果如表 2-3 所示。

表 2-3　对于手机上传影像的检索效率分析

检索方式	前台获取到数据所用时间/s	网页完成渲染所用时间/s
限定时间范围	0.601	7.252
限定地理范围	0.372	8.371
限定用户	0.252	8.103
限定上述所有条件	0.707	9.152

3. 网络影像的可用性分析

本章的目的是为了验证多源网络实景影像的检索相关度和影像质量，以保证获取影像对三维重建和街景增强的可用性。以相关地标性建筑作为请求，分别下载每组检索结果的前 200 张影像，进行中文地标关键词和英文地标关键词各十组异步下载的请求测试，实验记录了下载任务的影像目标相关度与影像质量。由于收录第三方来源网站对于中英文影像检索源网站上下文语言的差异性，中文关键词地标测试组选择了 Bing 影像、Google 影像、百度影像、360 影像、搜狗影像和新浪微博影像，而英文关键词地标测试组则选择了 Google 影像、Bing 影像、Flickr 影像、Instagram 影像和 Tumblr 影像进行评价实验。由于影像质量的评价具有主观性且依赖于具体的影像用途，仅选取影像对比度和影像高频比例作为测度，利用朴素的方法进行评估（Li et al., 2011）。高频比例定义为影像在经过离散傅里叶变换后其功率谱值大于其最大值一半的比例。影像的对比度表现了影像的基本灰度范围，而高频比例体现了影像细节的清晰程度。其中 Bing 影像检索中具体两组十个地标关键词的可用性分析结果如表 2-4 和表 2-5 所示，所有第三方来源检索结果十个关键词的平均相关度、平均对比度和平均高频比例如图 2-14 和图 2-15 所示。

表 2-4 Bing 中文地标测试组下载影像的可用性分析

下载请求	数据集相关度/%	影像对比度/%	影像高频比例/%
黄鹤楼	84.0	66.2	32.7
天坛	72.0	67.9	46.5
天安门	78.5	78.0	29.7
大雁塔	77.0	56.1	35.0
小雁塔	83.0	82.6	47.6
东方明珠塔	75.0	88.7	35.1
金茂大厦	73.5	84.4	39.5
国家体育馆	81.5	61.5	40.3
布达拉宫	78.5	56.0	28.4
中银大厦	80.0	79.3	24.9

表 2-5 Bing 英文地标测试组下载影像的可用性分析

下载请求	数据集相关度/%	影像对比度/%	影像高频比例/%
The Statue of Liberty	84.0	58.4	34.5
Cristo Redentor	70.5	84.5	39.9
Effiel Tower	71.0	69.2	49.2
Taj Mahal	70.0	67.1	45.5

续表

下载请求	数据集相关度/%	影像对比度/%	影像高频比例/%
Rome Colosseum	79.5	86.6	29.7
Leaning Tower of Pisa	86.0	82.5	41.0
Golden Gate Bridge	79.0	71.0	43.1
The White House	76.0	56.8	26.3
Sydney Opera House	75.5	70.5	32.8
Triumphal Arch	76.5	71.7	49.8

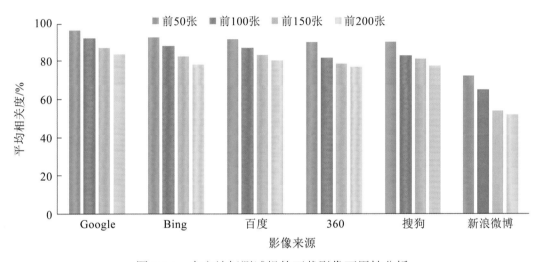

图 2-14 中文地标测试组的下载影像可用性分析

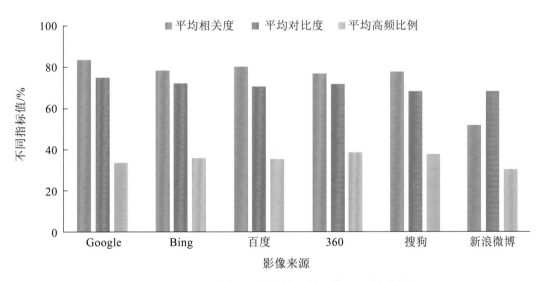

图 2-15 英文地标测试组的下载影像可用性分析

从实验结果可以看出整体相关度基本在 70% 以上,即大多数影像包含了检索目标;对比度基本在 0.5～0.9 的区间内,大多数影像的灰度分布较为均衡,而不同影像之间和检索目标有较大的差异;影像高频比例主要分布在 0.3～0.5 的区间内,相对而言,影像高频细节和灰度变化的分布较为类似。对于不同的影像检索来源,从针对地标类的检索结果可以看出,影像搜索引擎相对于影像分享网站和社交网站拥有更高的相关度,一方面影像搜索引擎在近几年的发展中融合了更多基于内容的影像检索方法且搜索引擎更容易检索到关于地标针对性的网站,另一方面影像分享网站和社交网站上人们对于地标类建筑物的分享意愿具有差异性。在中文地标测试组中,新浪微博影像的整体情况不如其他影像搜索引擎的效果,这可能源于新浪微博对于非专业生活照片记录的定位;在英文地标测试组中,Flickr 影像具有较高的对比度,这可能源于 Flickr 更倾向于专业摄影网站的定位。综合而言,网络影像对于三维重建和街景增强等应用在数据采集阶段具有一定程度的可用性。

以同样的相关度定义,对搜索结果按前 50 张、前 100 张、前 150 和前 200 张分别统计相关影像的数量,从图 2-16 和 2-17 可以看出,各个来源的检索服务获得的检索结果相关度依次下降,这表明排序结果靠后的影像中有更多的非相关影像。提供一个多源影像检索平台的意义就在于当单源影像检索服务提供的结果在一定排序范围内不够理想时,可以利用多个平台排序靠前的综合结果进行补充。

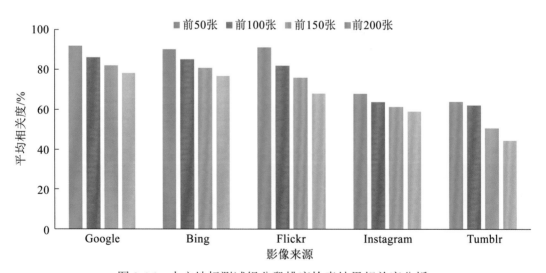

图 2-16　中文地标测试组分段排序检索结果相关度分析

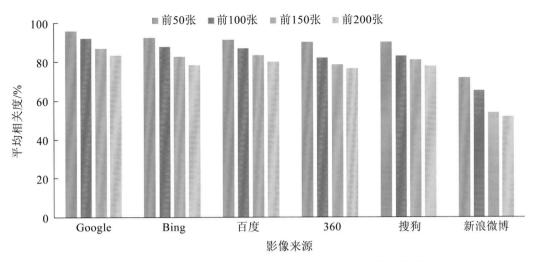

图 2-17　英文地标测试组分段排序检索结果相关度分析

2.5　本章小结

本章实现了众源影像数据的获取与聚合。获取过程通过使用网站 API 结合网页解析的方式，下载了众源影像的地理数据与核心元数据；聚合过程通过生成标准化、规范化的元数据文件，实现了多来源影像元数据的统一，以及其他平台对于影像的调用。影像过滤阶段，通过两种方式对影像集进行处理，实现了高相关度众源影像的整合。影像检索评价方面，采用一定的测度对第三方影像检索服务在地标关键词下的数据集进行了简单的评估。

参 考 文 献

褚江, 陈强, 杨曦晨, 2014. 全参考图像质量评价综述. 计算机应用研究, 31(1): 13-22.

王旭, 彭宗举, 杨铀, 等, 2009. 质降参考图像质量评价方法研究. 宁波大学学报(理工版), 22(4): 506-510.

杨开杰, 刘秋菊, 徐汀荣, 2010. 线程池的多线程并发控制技术研究. 计算机应用与软件, 27(1): 168-170.

章化冰, 2011. 视频图像质量主观评价辅助系统的设计与应用. 中国有线电视, 10: 1184-1187.

周学威, 闫鑫, 赵桦云, 等, 2011. 基于 SOCKET 的多线程下载工具的开发. 电子测试(8): 104-106.

朱文斌, 陈强, 杨曦晨, 2015. 无参考图像质量评价. 现代电子技术, 38(18): 81-88.

BARONCINI V, 2006. New tendencies in subjective video quality evaluation. Ieice Transactions on Fundamentals of Electronics Communications & Computer Sciences, 89 (11): 2933-2937.

DHARANI T, AROQUIARAJ I L, 2013. A survey on content based image retrieval. 2013 International Conference on Pattern Recognition, Informatics and Mobile Engineering (PRIME), IEEE: 485-490.

HOFFMANN H, ITAGAKI T, WOOD D, et al., 2008. A novel method for subjective picture quality assessment and further studies of HDTV formats. IEEE Transactions on Broadcasting, 54(1): 1-13.

INOUE M, 2004. On the need for annotation-based image retrieval//Proceedings of the Workshop on Information Retrieval in Context (IRiX), Sheffield, UK: 44-46.

KE Y, TANG X, JING F, 2006. The design of high-level features for photo quality assessment. 2006 IEEE Computer Society Conference on Computer Vision and Pattern Recognition, IEEE, 1: 419-426.

LI Y, LUO Y, TAO D, et al., 2011. Query Difficulty Guided Image Retrieval System//Advances in Multimedia Modeling. Berlin: Springer: 479-482.

LIU S Q, WU L F, GONG Y, et al., 2011. Overview of image quality assessment. Sciencepaper Online, 6(7): 501-506.

MÜLLER H, MÜLLER W, SQUIRe D M G, et al., 2001. Performance evaluation in content-based image retrieval: Overview and Proposals. Pattern Recognition Letters, 22(5): 593-601.

RIBEIRO F, FLORENCIO D, NASCIMENTO V, 2011. Crowdsourcing subjective image quality evaluation. 2011 18th IEEE International Conference on Image Processing (ICIP), IEEE: 3097-3100.

SCHUBERT F, MIKOLAJCZYK K, 2013. Performance Evaluation of Image Filtering for Classification and Retrieval//ICPRAM 2013-Proceedings of the 2nd International Conference on Pattern Recognition Applications and Methods: 485-491.

SUN Y, FAN H, BAKILLAH M, et al., 2015. Road-based travel recommendation using geo-tagged images. Computers, Environment and Urban Systems, 53: 110-122.

TORRES R, TAPIA B, ASTUDILLO H, 2011. Improving Web API discovery by leveraging social information. 2011 IEEE International Conference on Web Services (ICWS), IEEE: 744-745.

XU Q, HUANG Q, YAO Y, 2012. Online Crowdsourcing Subjective Image Quality Assessment//Proceedings of the 20th ACM international conference on Multimedia. New York: ACM: 359-368.

第 *3* 章

众源影像几何定位

众源影像一般由大众使用手机、数码相机等消费级设备获取，相对于传统航空摄影影像而言，众源影像的拍摄具有较大的自由性、随意性和无序性，网络也不具有规则性。因此，通过几何定位技术，解求影像的成像参数（相机参数和影像定向参数）至关重要，它是利用众源影像进行三维量测及三维建模的前提。对于众源影像而言，影像内部畸变和影像间相对几何变形较大，给连接点匹配和区域网平差带来了挑战；因此，需要稳定可靠、鲁棒性强的特征匹配算法获取数量充足、分布合理的特征点，以及适于众源影像成像特点的平差模型，从而实现众源影像的高精度区域网平差。本章将首先介绍近年来快速发展的运动恢复结构技术及其在众源影像中的应用，具体介绍适于众源影像的尺度不变特征转换算法 SIFT 及其改进算法和自检校光束法区域网平差方法，最后介绍常用的运动恢复结构工具和软件。

3.1　影像几何定位概述

影像精确几何定位是通过特征匹配获取影像上一定数量、稳定、分布合理的连接点,据此进行区域网构建,并通过区域网平差求解影像精确内外方位元素和连接点物方三维坐标,这在计算机视觉中又称为运动恢复结构。

运动恢复结构是计算机视觉和视觉感知领域的主要研究内容之一。著名的"一日重建罗马"项目已经能够利用近 15 万张影像在不到一天的时间内重建出高精度的罗马地标建筑。在过去的十年,运动恢复结构技术和大范围场景三维重建技术取得了稳步的进展。Snavely 等(2006)提出了照片旅游的概念,它是一种用于导航、可视化和无序网络照片集的标注系统,基于运动增量式恢复物体结构的方法(Brown et al., 2005)就是从那时起被广泛使用。此后,研究人员在许多方面不断改进大规模场景的三维重建方法。大型 SfM 算法大致可以分为五个步骤(图 3-1)。步骤一和步骤二,基于图像的连接关系将大型场景分解为多个子区。步骤三和步骤四涉及单个子区的逐像对特征匹配和 3D 重构问题,这些都是照片旅游的核心。步骤五利用相同的物方连接点进行多个模型的融合。虽然原始增量 SfM 方法仍然被广泛使用,但是研究者们也提出了不同的改进方法。例如,Schönberger 等(2016)通过引入内外方位元素分离的近似通用成像模型以及超大规模线性方程组求解方法,有效提高了平差稳定性,但其精度和可靠性不足(Luhmann et al., 2016)。图 3-2 是 SfM 流程及其方法分类示意。

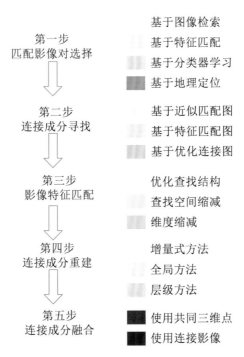

图 3-1　大范围 SfM 过程的五个子流程及其方法分类示意(Shah et al., 2015)

图 3-2　武汉大学信息管理学院 93 张手机影像 SfM 结果

3.2　特征提取与匹配

常见的特征包括点、线、面等。点特征是最稳定，也是最常用的特征。图像中的特征点也称为关键点或者兴趣点，是一种非常有用的图像局部结构特征。特征点往往是图像中在各个方向灰度变化都较大的点，例如线的交点、公路的交叉点、区域的中心、局部曲率不连续的点，归纳起来包含了图像中的拐点、角点及交叉点等。1977 年，Moravec 提出了一种直接从灰度图像中提取图像角点的算法，它利用图像的灰度自相关函数，被称为 Moravec 算子；Harris（1998）同样利用灰度自相关函数，提出了 Harris 算子，它对于图像的旋转变化具有不变性，是一种应用十分广泛的角点检测算子，至今仍被运用于诸多领域。SUSAN 算子是 Smith 等（1997）提出的一种更加接近人类视觉观察过程统计学的经典角点检测算法。Lowe（2004）在总结了现有的不变量特征检测方法的基础上提出了一种基于尺度空间的局部特征描述算子（SIFT），该算子能够对影像缩放、旋转甚至仿射变换保持不变性。但 SIFT 算法有计算量大、算法耗时长的缺点。为此，Yan 等（2004）提出利用 PCA-SIFT 方法对特征描述进行数据降维，提高了效率。Bay 等（2008）提出 SURF（speed up robust features）算法，它是对 SIFT 算法的改进，不但提高了计算速度，而且保证了一定的精度。

随着图像处理数据规模的增大，以及计算能力有限的移动设备的飞速普及，对图像特征提出了更高的时间和空间要求。传统的高维度、浮点数类型的特征描述子，无法满足快速计算、快速匹配、高效存储的要求。在这种情况下，二进制特征应运而生。Calonder 等（2010）提出了第一个二进制特征（binary robust independent elementary features，BRIEF）算子，该算子不需要计算类似于 SIFT 的特征描述子。BRIEF 的采样模型是高斯分布，通过选取 128、256 或者 512 对点进行强度测试生成描述子，构造简单、节约空间，具有最低的计算和存储要求，计算机可以通过异或操作快速计算出描述子之间的汉明距离（Hamming distance），用来判断相似性。但 BRIEF 算子不具有旋转不变形且抗噪性差。

Rublee 等（2011）提出了 ORB（oriented FAST and rotated bRIEF）算子，ORB 算子使用 FAST 算法检测特征点，同时使用 Harris 角点方法消除边缘效应，除此之外，ORB 算子对 BRIEF 算子进行改进，通过给特征点添加主方向的方法，使 ORB 算子具有了旋转不变性。FREAK（fast retina keypoint）描述子是由 Alahi 等（2012）在 CVPR 会议上提出的，它通过研究人类视网膜产生视觉的工作原理，可以高效地得到一系列二进制字符串。

3.2.1　几种传统特征点提取算子

Moravec 算子利用灰度方差来提取特征点。它通过滑动二值的矩形窗口寻找最小灰度变化的局部最大值。Moravec 算子定义一个像素点为角点的条件是该像素点在各个方向上都具有较大的灰度变化。Moravec 算子的缺点是由于窗口的滑动只是在每个 45° 方向，故算子响应具有非等向性，容易检测边缘上的点。Moravec 算子具有平移变换不变性。

Forstner 算子是通过计算各像素的 Robert's 梯度和以像素 (c, r) 为中心的一个窗口（如 5×5）的灰度协方差矩阵，在影像中寻找具有尽可能小而接近圆的误差椭圆的点作为特征点。

Harris 算子以二阶矩阵为基础，描述了像素点局部邻域内的梯度分布信息。二阶矩阵通过高斯核进行局部图像导数的计算，然后利用高斯平滑窗对像素点局部邻域内的导数进行加权平均，采用角点响应函数作为检测角点特征的依据，它具有平移和旋转不变性，对光照条件的变化不敏感。通过在局部极值点的邻域内对角点相应函数进行二次逼近，Harris 算子可以达到亚像素的定位精度。

3.2.2　尺度不变特征提取与匹配

尺度不变特征转换算法是用于图像处理领域的一种特征描述算子，它在尺度空间中寻找极值点，并提取出其位置、尺度、旋转不变量，此算法由 Lowe 在 1999 年发表，2004 年完善总结。

Ke 等（2004）在 SIFT 方法的基础上，利用主成分分析的方法对数据进行降维，把 SIFT 描述子的 128 维向量降低到 36 维。PCA-SIFT 与标准 SIFT 有相同的亚像素位置、尺度和主方向，但具有更低维度的特征描述。PCA-SIFT 算法虽然减少了 SIFT 描述子的数据量，提高了匹配速度，但是由于数据的减少，特征点的属性也减少了，描述子的独立性降低，匹配结果的正确率也降低了。

为了实现大仿射变形的图像匹配，满足应用的需要，Morel 等（2009）提出了一种完全仿射不变的图像匹配算法，即仿射尺度不变特征变换（affine scale-invariant feature transform，ASIFT）。ASIFT 算法主要通过三步来完成：①通过模拟所有可能的仿射变形来实现图像变换；②通过有限小幅度的经度值和纬度值来表示旋转和倾斜值采样；③对得到的图像利用 SIFT 算法进行匹配。ASIFT 算法虽然能够实现完全的仿射不变性，但它增加了计算复杂度，也相对地增加了计算时间。

Bay 等（2006）提出了加速鲁棒特征（speeded up robust features，SURF）算子，其实质上是改进版的 SIFT 特征，它的主要特点是快速性，同时也具有尺度不变性，对光照变化、仿射和透视变化都具有较强的鲁棒性。SURF 特征的提取过程有两步：①基于 Hessian 矩阵和积分图像的兴趣点检测；②特征描述子的生成。

1. SIFT 特征提取

下面介绍 SIFT 算法的具体实现过程，它可分解为四个主要步骤：①尺度空间极值检测，寻找候选点；②关键点定位；③确定关键点方向；④提取关键点特征描述符。

1）构建尺度空间

一个图像的尺度空间 $L(x,y,\sigma)$，定义为一个变化尺度的高斯函数 $G(x,y,\sigma)$ 与原图 $I(x,y)$ 的卷积

$$L(x,y,\sigma) = G(x,y,\sigma) * I(x,y) \tag{3-1}$$

其中：*为卷积运算；σ 为尺度因子。σ 较大时，表示图像的概略特征；σ 较小时，则表示图像的细节特征。上式中的高斯函数 $G(x,y,\sigma)$ 定义如下：

$$G(x,y,\sigma) = \frac{1}{2\pi\sigma^2} e^{-(x^2+y^2)/2\sigma^2} \tag{3-2}$$

为了快速地检测尺度空间中稳定关键点的位置，利用了高斯差分尺度空间。高斯差分空间（difference-of-Gaussian，DoG）可以由尺度空间经差分运算得到，设 k 为相邻两个尺度空间的比例因子，则 DoG 的定义为

$$D(x,y,\sigma) = \left[G(x,y,\sigma) - G(x,y,k\sigma)\right] * I(x,y) = L(x,y,\sigma) - I(x,y,k\sigma) \tag{3-3}$$

$D(x,y,\sigma)$ 计算过程见图 3-3。

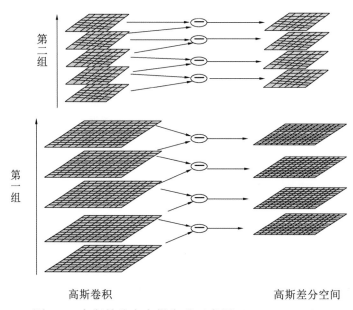

图 3-3　高斯差分金字塔生成示意图（Lowe，2004）

2）关键点检测与定位

（1）空间极值点检测。为了寻找 DoG 空间的极值点，每一个像素点都要和它相邻的特征点进行函数值大小比较，如图 3-4 所示，包括同尺度的 8 个相邻点以及上下相邻尺度对应的 18 个点（分别 9 个点），共 26 个点，若比所有点函数值都大或者小，则该点为一个极值点。

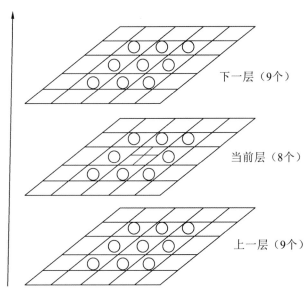

下一层（9个）

当前层（8个）

上一层（9个）

图 3-4　极值点检测示意图（Lowe，2004）

（2）关键点精确定位。离散的空间点并不是真正的极值点，利用已知的离散空间点通过三维二次函数进行拟合来精确地定位关键点的位置和尺度，以达到亚像素的精度，同时去除对比度低的关键点和不稳定的边缘响应点，以提高匹配的稳健性和抗噪声能力。为此，需要对尺度空间 DoG 函数进行曲线拟合，利用 DoG 函数在尺度空间的泰勒展开式（拟合函数）为

$$D(\boldsymbol{x}) = D + \frac{\partial D^{\mathrm{T}}}{\partial \boldsymbol{x}} \boldsymbol{x} + \frac{1}{2} \boldsymbol{x}^{\mathrm{T}} \frac{\partial^2 D}{\partial \boldsymbol{x}^2} \boldsymbol{x} \tag{3-4}$$

其中：$\boldsymbol{x} = (x, y, \sigma)^{\mathrm{T}}$。求导并让方程等于 0，可求得极值点的偏移量为

$$\hat{\boldsymbol{x}} = -\left(\frac{\partial^2 D}{\partial \boldsymbol{x}^2}\right)^{-1} \frac{\partial D}{\partial \boldsymbol{x}} \tag{3-5}$$

对应极值点的值为

$$D(\hat{\boldsymbol{x}}) = D + \frac{1}{2} \frac{\partial D^{\mathrm{T}}}{\partial \boldsymbol{x}} \hat{\boldsymbol{x}} \tag{3-6}$$

通常若 $D(\hat{\boldsymbol{x}}) \geqslant 0.03$，则该特征点保留，否则丢弃。

（3）消除边缘响应。高斯差分算子的极值在横跨边缘的地方有较大的主曲率，而在垂直边缘的地方有较小的主曲率。DoG 算子会产生较强的边缘响应，需要剔除不稳定的边

缘响应点。获取特征点处的 Hessian 矩阵，主曲率通过一个 2×2 的 Hessian 矩阵 $\boldsymbol{H}$ 求出。

$$\boldsymbol{H} = \begin{bmatrix} D_{xx} & D_{xy} \\ D_{xy} & D_{yy} \end{bmatrix} \qquad (3\text{-}7)$$

$\boldsymbol{H}$ 的特征值 α 和 β 代表了 x 和 y 方向的梯度：

$$\begin{cases} \mathrm{Tr}\,(\boldsymbol{H}) = D_{xx} + D_{yy} = \alpha + \beta \\ \mathrm{Det}\,(\boldsymbol{H}) = D_{xx}D_{yy} - (D_{xx})^2 = \alpha\beta \end{cases} \qquad (3\text{-}8)$$

令 $\alpha = r\beta$，则

$$\frac{\mathrm{Tr}\,(\boldsymbol{H})^2}{\mathrm{Det}\,(\boldsymbol{H})} = \frac{(\alpha+\beta)^2}{\alpha\beta} = \frac{(r\beta+\beta)^2}{r\beta^2} = \frac{(r+1)^2}{r} \qquad (3\text{-}9)$$

$(r+1)^2/r$ 的值在两个特征值相等时候最小，随着 r 的增大而增大，因此，为了检测主曲率是否在某值域下，只需检测是否满足下式：

$$\frac{\mathrm{Tr}\,(\boldsymbol{H})^2}{\mathrm{Det}\,(\boldsymbol{H})} < \frac{(r+1)^2}{r} \qquad (3\text{-}10)$$

如果该式成立，则关键点保留，反之剔除。在 Lowe（2004）的文章中，取 $r=10$。

3）关键点方向分配

为了使特征描述子具有旋转不变性，利用图像的局部特征为每一个关键点分配一个基准方向。对于 DoG 金字塔中检测出的关键点，采集其所在高斯金字塔图像 3σ 邻域窗口内像素的梯度和方向分布特征。梯度的模值和方向如下：

$$\begin{cases} m(x,y) = \sqrt{\left[L(x+1,y) - L(x-1,y)\right]^2 + \left[L(x,y+1) - L(x,y-1)\right]^2} \\ \theta(x,y) = \tan^{-1}\left\{\left[L(x,y+1) - L(x,y-1)\right] / \left[L(x+1,y) - L(x-1,y)\right]\right\} \end{cases} \qquad (3\text{-}11)$$

其中：L 所用的尺度为每个关键点各自所在的尺度。

在完成关键点的梯度计算后，使用直方图统计邻域内像素的梯度和方向。梯度直方图将 0°～360° 的方向范围分为 36 个柱，其中每柱 10°。直方图的峰值方向代表了关键点的主方向。

4）关键点特征描述

通过以上步骤，每一个关键点拥有三个信息：位置、尺度以及方向。接下来就是为每个关键点建立一个描述子，用一组向量将这个关键点描述出来，使其不随各种变化而改变，比如光照变化、视角变化等。这个描述子不但包括关键点，也包含关键点周围对其有贡献的像素点，并且描述符应该有较高的独特性，以便于提高特征点正确匹配的概率。

在关键点所在的尺度空间，取以关键点为中心的 16 像素×16 像素大小的邻域，均匀地划分为 4 像素×4 像素的子区域，将坐标轴旋转为关键点的主方向，邻域内的采样点则被分配到相应的子区域内，对每个子区域计算 8 个方向的梯度直方图。然后，将 4×4 个子区域 8 个方向的梯度直方图根据位置进行排序，构成 128 维的特征向量，生成过程如图 3-5 所示。最后对该向量进行归一化，去除光照的影响，提高特征的稳定性。

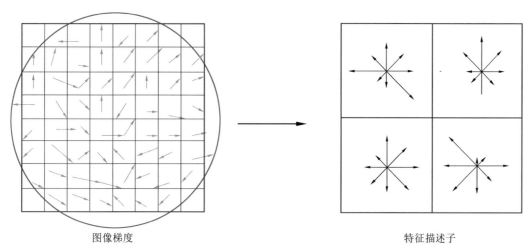

图 3-5　关键点描述子生成示意图（Lowe，2004）

　　VisualSfM 中使用 GPU 加速的 SIFT 算法提取特征点，与 Lowe 的原版 SIFT 特征检测算法相比，该 GPU 加速版的 SIFT 可以大大提高运算速度。SIFT 特征提取生成的文件一般包含如下信息：

```
struct siftHeader //文件头
{
    String imagename;
    String SIFTfileversion;
    int nPointCount;
    struct nLocationData;
    struct nDescriptorData;
};
```

其中：imagename 为文件对应的影像文件名；SIFTfileversion 为 SIFT 的版本；nPointCount 为该影像上的特征点数量；nLocationData 为单个 SIFT 特征点在影像上的位置，包括在影像坐标系中的 x、y 坐标，色彩信息，尺度信息，以及主方向信息；nDescriptorData 记录特征点的 128 维特征。图 3-6 为 SIFT 特征提取的一个具体示例。

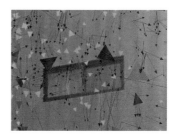

（a）原始影像　　　（b）影像 SIFT 特征提取（整体）　　（c）影像 SIFT 特征提取（局部）

图 3-6　武汉大学信息管理学院影像 SIFT 特征提取

2. SIFT 特征匹配

特征匹配是对得到的特征描述子进行匹配,确定其对应关系的过程。假定生成了 A、B 两幅影像的 SIFT 特征描述子(分别是 k1×128 维和 k2×128 维),就将两图中各个尺度(所有尺度)的描述子进行匹配。

当两幅图像的 SIFT 特征向量生成后,下一步采用关键点特征向量的欧式距离来作为两幅图像中关键点的相似性判定度量。为了排除因图像遮挡和背景混乱而产生的错误匹配,Lowe(2004)提出比较最近邻距离与次近邻距离的方法,距离比值 ratio 小于某个阈值时认为是正确匹配。对于错误匹配,由于特征空间的高维性,相似的距离可能包含大量的错误匹配,其 ratio 值会比较高。通过对大量存在尺度、旋转和亮度变化的图像对进行匹配,Lowe(2004)发现 ratio 取值在 0.4~0.6 时最佳,小于 0.4 时很少有匹配点,大于 0.6 则会存在大量错误匹配。因此,他建议 ratio 的取值原则如下:

ratio=0.4　对于准确度要求高的匹配;

ratio=0.6　对于匹配点数目要求比较多的匹配;

ratio=0.5　一般情况下。

图 3-7 为 SIFT 特征匹配的一个结果示例。

图 3-7　武汉大学信息管理学院影像特征匹配示意图

3.2.3　二进制特征算子

不同于传统的特征,二进制特征描述根据一定的采样模型选取图像强度对比点对,把每个点对的比较结果映射为二进制数字,通过间接的检测描述过程,得到描述子并进行匹配,节省空间,同时大幅度提高计算性能。常用的二进制算子有 BRIEF 算子、ORB 算子、BRISK 算子以及 FREAK 算子。

BRIEF 算子是由 Calonder 等(2010)提出的一个二进制特征。它基于强度差异测试,可以配合其他常见的关键点检测子。BRIEF 的采样模型是高斯分布,通过选取 128、256

或者 512 对点对进行强度测试,生成描述子。BRIEF 算子构造简单、节约空间,具有最低的计算和存储要求,但它没有计算关键点的方向,因此不具有旋转不变性。

　　ORB 算子是由 Rublee 等(2011)的 ICCV 会议上提出的,该算子是对 FAST 特征点与 BRIEF 特征描述子的一种结合与改进。为了找到稳定的关键点,使用了 FAST 方法,同时使用 Harris 角点方法消除边缘效应。通过假定角点的强度矩心是偏离其中心的,从中心点到矩心的向量可以用来定义特征点方向。从所有候选的测试点对中选出 256 个强度对比点对计算特征描述子。

　　BRISK 算子使用 AGAST 进行角点检测,首先构建了尺度空间金字塔,在各尺度之间通过插值等寻找局部极值,从而具有尺度不变性。BRISK 采用了对称的圆形采样模型,选取图像区域的主梯度方向作为描述子方向,因此它具有旋转不变性。

　　FREAK 算子是由 ALahi 等(2012)在 CVPR 会议上提出的,该算子的提出受人类视网膜系统的启发,并进行模拟。利用视网膜的采样模式可以得到图像局部区域块,进行亮度对比,即可高效地得到一系列二进制字符串。表 3-1 对几种二进制描述子特性进行了简单的对比。

表 3-1　四种二进制描述子不同方面对比

描述子	检测子	采样模型	旋转不变性	尺度不变性
BRIEF	任意	随机正态分布	否	否
ORB	改进 FAST	随机、学习训练	是	否
BRISK	AGAST	对称圆形、线性变化高斯模糊	是	是
FREAK	AGAST	对称圆形、指数变化高斯函数	是	是

　　不同于 SIFT 等浮点型特征提取算子,二进制特征提取算子通过异或操作快速计算出描述子之间的汉明距离,用来判断相似性,大大提升了匹配速度。

3.3　光束法区域网平差

　　光束法区域网平差即基于共线条件方程式的光束法平差解法,是一种同时把控制点与待定点的像点坐标作为观测值,将待定的成像参数及待定点物方空间坐标都作为待解求参数,通过平差整体地求解所有待解求参数平差值的解算方法。光束法平差与常规的空间后方交会–空间前方交会解法的区别在于:空间后方交会–空间前方交会将成像参数与待定点物方空间坐标分开求解,仅由控制点解求成像参数,再根据已算得的成像参数和待定点像点坐标计算待定点物方空间坐标;而光束法平差中为数众多的待定点像点坐标也参与成像参数的确定,在解求成像参数的过程中,参与计算的待定点坐标观测值的改正值也参与到改正数平方和最小的准则要求中。

　　在众源影像的处理过程中,参与平差处理的影像一般不以理想像对的形式出现,往往由众多的影像覆盖同一目标，通过构建区域网的形式进行平差处理，即光束法区域网平差。纳入平差解算的未知参数不同，其平差解算也不相同。

3.3.1　众源影像特点

随着智能手机的普及，手机拍照已成为当前最主流的成像方式。从定量的角度而言，这种成像具有一定的"随意性"，即与定量相关的各种几何参数未知且都处在变化之中。例如手机成像单元，具有体积小、重量轻、集成度高、结构稳定等特点；几何参数中，除像元数外，其他相机参数（像元大小、焦距、像主点坐标和相机畸变）均未知或仅已知其粗略值。手机成像特点表现如下：

（1）成像芯片尺寸粗略已知，如某成像芯片标称大小为 $\frac{1}{2.3}$ 英寸[①]，表示该成像芯片两个边长中长边的长度约为 $\frac{1}{2.3}$ 英寸，但未提供精确几何尺寸，像元大小也仅能粗略估算，不同品牌不同型号的手机成像宽高比也不固定，通常有 3:2、4:3、16:9 等；

（2）自动聚焦，使得拍摄的影像保持清晰，同时成像主距有一定变化范围，如设计最大可达焦距的 1.1 倍；

（3）镜头与成像芯片结构稳定，像元尺寸、镜头光学畸变、像主点等参数相对稳定；

（4）镜头畸变差较大，一般需要在区域网平差中进行自检校；

（5）普通数码相机成像与手机成像差异在于其焦距一般可调，其他特点与手机成像类似，单反数码相机成像一般较之手机成像质量有较大优势。

众源影像被用于三维量测或三维建模，物方空间坐标是基本的待定参数。在相机参数也未知时，需要在解算物方空间坐标的过程中，同时纳入这些未知参数。实际情况中，众源影像的区域网平差具有以下四种情况。

（1）成像参数均已知。拍摄所用相机已经检校，所有内部参数已知，且有其他定位测姿系统测定相机的拍摄位置和朝向，即外部参数也已知。如由车载移动测量系统的车载相机拍摄的序列影像，因相机内部参数已通过检校得到，其外部参数也已由 POS 系统测定，因此所有的影像参数均已知。由这种影像进行三维量测时，仅需由具有重叠度的多幅影像按共线条件方程式解算物方点坐标。

（2）内部参数已知而外部参数未知。拍摄所用相机已经检校，所有内部参数已知。如车载移动测量系统相机，在没有高精度 POS 系统或不使用 POS 系统测定外部参数时，或者使用全景相机测量时，均属于此种情况。由这种影像进行三维量测时，需先进行绝对定向获得各影像的外方位元素，然后再进行目标量测，或者在解算物方点坐标的同时，解求像片的外方位元素。

（3）部分内部参数已知而其他参数未知。拍摄所用相机已经检校，内部参数已知，但部分内部参数会发生变化，只能当作未知参数处理，外部参数均未知。如使用特定手机

[①]　1 英寸 =2.54 cm

拍摄的众源影像,手机经过检校,已知其成像主距、像主点坐标、镜头畸变改正系数等,但在拍摄过程中,虽然手机成像镜头焦距多设计为定焦,但其焦距却会在一定范围内变化以适应不同远近目标以保持其成像清晰,此时成像主距也相应地发生变化,其主距通常不能作为已知参数使用。由这种影像进行三维量测时,采用区域网平差解算物方点坐标的同时,需同时解求影像的成像主距和外方位元素。

(4)所有成像参数均未知。拍摄所用的相机未经过检校,所有成像参数均为已知。大部分众源影像均属于这种情况。由这种影像进行三维量测时,采用区域网平差解算物方点坐标的同时,需解求影像的所有成像参数。

3.3.2 成像方程

1. 普通相机成像方程

成像方程通常为共线条件方程式,它是描述像点、投影中心点及物方点位于同一直线上的关系式,是表达成像、解算参数的数学基础。共线条件方程一般表达式如下:

$$
\begin{cases}
x - x_0 + \Delta x = -f \dfrac{a_1(X - X_s) + b_1(Y - Y_s) + c_1(Z - Z_s)}{a_3(X - X_s) + b_3(Y - Y_s) + c_3(Z - Z_s)} \\
y - y_0 + \Delta y = -f \dfrac{a_2(X - X_s) + b_2(Y - Y_s) + c_2(Z - Z_s)}{a_3(X - X_s) + b_2(Y - Y_s) + c_3(Z - Z_s)}
\end{cases}
\tag{3-12}
$$

其中:(x, y) 为像点坐标;(x_0, y_0) 为像主点坐标,这两个点坐标是在同一给定的像方坐标系 $c - xy$ 中的坐标;$\Delta x, \Delta y$ 为像点坐标系统误差改正数,像方坐标通常以 mm 或像素为单位;f 为相机主距,即成像像距;X, Y, Z 为像点对应的物方点坐标;X_s, Y_s, Z_s 为摄站点坐标,即成像投影中心坐标,这两个点坐标都是在同一给定的物方空间坐标系 $D - XYZ$ 中的坐标。

像片拍摄朝向在物方坐标系中定义为三个姿态角 $(\varphi, \omega, \kappa)$,由三个姿态角组成旋转矩阵,$(a_i, b_i, c_i, \ i = 1, 2, 3)$ 为旋转矩阵元素,是三个姿态角的方向余弦。

1)数字影像成像方程

数字影像与具有明确几何尺寸的像片不同,其几何尺寸等同于感光芯片的尺寸,一般未经严格的标定,即由此感光芯片获得的影像的像元大小并不方便精确测定,像方往往无法用长度单位来精确表达。数字影像通常用行列号来描述像点所处位置,像点相对于影像左上角的行列号即为像点的原始坐标。

传统的共线条件方程式中,用长度单位度量的像点坐标,其度量单位统一,一般以 mm 为单位;而采用像素度量的数字影像,其像素一般不是标准正方形,即像素在行、列方向上度量不一样,因此在相机的参数中引入了一个行列方向上的尺度比例因子。该比例因子表示列方向的度量相对于行方向度量的不同。

传统的共线条件方程式中,系统误差改正数包括多个方面,主要有镜头畸变差改正、底片变形改正、框标变形改正、底片压平改正等,而对于数字影像,由于固态成像芯片的精密性,成像面较小且极其平整,传统的由底片带来的系统误差在此都不存在,其系统误差仅需考虑镜头畸变差改正。

图 3-8 所示为数字图像坐标系,坐标系 O_0-uv 为原始图像坐标系,图像左上角为坐标系原点,向右为 u 轴正方向,向下为 v 轴正方向。坐标系 O_1-xy 为数字图像中以像主点 O_1 为坐标系原点的像平面坐标系,其中 O_1 点的坐标 (u_0,v_0) 为像主点在原始图像坐标系中的坐标。

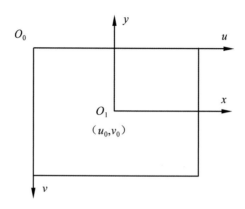

图 3-8　数字影像的图像坐标系

基于以上分析,参照图 3-8 所示的像方坐标系,用于数字图像的对应共线条件方程式如下:

$$\begin{cases} u-u_0+\Delta u=-f\dfrac{a_1(X-X_s)+b_1(Y-Y_s)+c_1(Z-Z_s)}{a_3(X-X_s)+b_3(Y-Y_s)+c_3(Z-Z_s)} \\[2mm] (\text{Rows}-v-v_0+\Delta v)\cdot k_y=-f\dfrac{a_2(X-X_s)+b_2(Y-Y_s)+c_2(Z-Z_s)}{a_3(X-X_s)+b_3(Y-Y_s)+c_3(Z-Z_s)} \end{cases} \tag{3-13}$$

与式(3-12)不同的是,式(3-13)中:(u,v) 为像点相对于左上角的行列号;(u_0,v_0) 为像主点相对于左上角的行列号,这两个点的坐标是像点的位置表达,是由数字影像像幅左上角和行列方向确定的平面坐标系坐标,即像点、像主点在原图像坐标系中的坐标,这两个点坐标采用像元大小度量,单位为像素;$\Delta u,\Delta v$ 为像点的系统误差改正数;Rows 为影像的总行数;f 为成像主距,这些像方变量也与像点坐标一样采用像元大小度量;k_y 为像元尺寸横纵方向比例因子,表达成像芯片像元可能不是严格正方形;X,Y,Z 为像点对应的物方点的物方空间坐标;X_s,Y_s,Z_s 为摄站点物方空间坐标,物方变量与传统共线条件方程一致,依然使用长度单位度量,旋转矩阵与传统共线条件方程中的定义一致。

2)成像方程的齐次表示

为了方便计算,数字成像方程可采用齐次形式进行处理。设 $o-xyz$ 为相机坐标系,通常取 x 轴向右,y 轴向下,z 轴指向相机前方。O 为摄像机的光心,其坐标为 $[0,0,0]^T$。现实世界的空间点 P,经过小孔 O 投影之后,落在物理成像平面 $o'-x'y'$ 上,成像点为 P'。设 P 的坐标 $[X,Y,Z]^T$,P' 为 $[X',Y']^T$,焦距记为 f,则

$$x' = f\frac{X}{Z}, \quad y' = f\frac{X}{Z} \tag{3-14}$$

式（3-14）描述了空间点 P 和它的像 P' 之间的对应关系，P' 需要在成像平面上对像进行采样和量化。同样地，像素坐标系的定义方式为，原点 o' 位于图像的左上角，u 轴向右与 x 轴平行，v 轴向下与 y 轴平行。像素平面与成像平面之间，相差了缩放和原点的平移。设像素坐标在 u 轴上缩放了 α 倍，在 v 上缩放了 β 倍。同时，原点平移了 $[c_x, c_y]^T$。那么，P' 的坐标与像素坐标 $[u, v]^T$ 的关系为

$$\begin{cases} u = \alpha x' + c_x \\ v = \beta y' + c_y \end{cases} \tag{3-15}$$

把式（3-14）带入式（3-15），并把 αf 合并成 f_x，把 βf 合并成 f_y，得

$$\begin{cases} u = f_x \dfrac{X}{Z} + c_x \\ v = f_y \dfrac{Y}{Z} + c_y \end{cases} \tag{3-16}$$

把式（3-16）写成齐次坐标形式如下：

$$\begin{pmatrix} u \\ v \\ 1 \end{pmatrix} = \frac{1}{Z}\begin{pmatrix} f_x & 0 & c_x \\ 0 & f_y & c_y \\ 0 & 0 & 1 \end{pmatrix}\begin{pmatrix} X \\ Y \\ Z \end{pmatrix} \triangleq \frac{1}{Z}\boldsymbol{K}P \tag{3-17}$$

把 Z 挪到左侧得

$$Z\begin{pmatrix} u \\ v \\ 1 \end{pmatrix} = \begin{pmatrix} f_x & 0 & c_x \\ 0 & f_y & c_y \\ 0 & 0 & 1 \end{pmatrix}\begin{pmatrix} X \\ Y \\ Z \end{pmatrix} \triangleq \boldsymbol{K}P \tag{3-18}$$

式中：矩阵 $\boldsymbol{K}$ 为相机的内参数矩阵；P 为在相机坐标系中的坐标，它是根据相机的当前位姿变换到相机坐标系下的结果。相机的位姿由变换矩阵 $\boldsymbol{T}$ 来描述，包括旋转矩阵 $\boldsymbol{R}$ 和平移矩阵 $\boldsymbol{t}$。那么有

$$ZP_{uv} = Z\begin{pmatrix} u \\ v \\ 1 \end{pmatrix} = \boldsymbol{K}(\boldsymbol{R}P_w + \boldsymbol{t}) = \boldsymbol{K}\boldsymbol{T}P_w \tag{3-19}$$

式（3-19）描述了 P 的世界坐标系坐标 P_w 到像素坐标系 P_{uv} 的投影关系。

　　3）系统误差改正

　　在数字影像的共线条件方程式中，系统误差仅需考虑镜头的畸变差改正。

　　物镜畸变可认为是影像的成像射线和理想的共线射线之间的偏差。理想情况下，目标点、镜头光心、目标点对应的像点应共线，实际情况是由于物镜畸变的存在，这三点往往不共线。物镜的畸变有多种畸变源，一般情况下径向畸变和切向畸变的影响最为显著。径向畸变在像主点与像点的连线方向上使像点产生位移，通常用多项式来表示。切向畸变的影响如图 3-9 所示，图中实线表示理想成像，虚线表示带有切向畸变的成像，切向畸

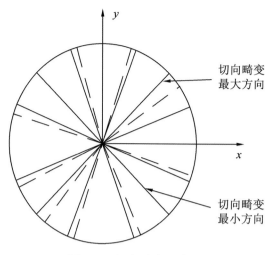

图 3-9　切向畸变示意图

变的大小取决于像点到像主点之间的距离以及像点、像主点连线方向与某一参考方向（图中的切向畸变最小方向）之间的夹角。离像主点越远的像点，畸变越大，像点、像主点连线方向与切向畸变最小方向的夹角越大，畸变也越大（如图中的切向畸变最大方向）。一般情况下，畸变差改正模型采用三个畸变差改正系数（k_1, k_2, k_3），即采用像点到像主点距离的平方的三次多项式改正径向畸变差，两个切向畸变差改正系数（p_1, p_2）改正切向畸变。其具体的畸变差改正数表达式如下：

$$
\begin{cases}
\Delta u = \bar{u}(k_1 r^2 + k_2 r^4 + k_3 r^6) + p_1(r^2 + 2\bar{u}^2) + 2p_2 \bar{u}\,\bar{v} \\
\Delta v = \bar{v}(k_1 r^2 + k_2 r^4 + k_3 r^6) + 2p_1 \bar{u}\,\bar{v} + p_2(r^2 + 2\bar{v}^2)
\end{cases}
\tag{3-20}
$$

其中

$$
\bar{u} = u - u_0
$$
$$
\bar{v} = \mathrm{Rows} - v - v_0
$$
$$
r^2 = \bar{u}^2 + \bar{v}^2
$$

有些镜头，如果仅考虑这两种畸变源还不够，可考虑增加其他畸变源，如

$$
\begin{cases}
\Delta u = \bar{u}(k_1 r^2 + k_2 r^4 + k_3 r^6) + p_1(r^2 + 2\bar{u}^2) + 2p_2 \bar{u}\,\bar{v} + p_3(\bar{v}^2 - 2r^2/3) \\
\Delta v = \bar{v}(k_1 r^2 + k_2 r^4 + k_3 r^6) + 2p_1 \bar{u}\,\bar{v} + p_2(r^2 + 2\bar{v}^2) + p_4(\bar{u}^2 - 2r^2/3)
\end{cases}
\tag{3-21}
$$

4）成像的内部参数与外部参数

相机成像方程中，有些参数是相机自身具有的参数，这些参数被称为内部参数。内部参数除包括内方位元素的成像主距 f 与主点坐标（u_0, v_0）外，还包括像元尺寸横纵方向比例因子 k_y 与镜头畸变差改正系数如（k_1, k_2, k_3），这些参数与相机相关。对于量测型相机而言，同一个相机拍摄的不同像片，这些参数往往是不变的；然而，对于众源影像而言，由于使用的是消费级拍摄设备，即使是由同一相机拍摄，影像内部参数仍然是不一致的。而另外一些参数包括摄站位置和摄影朝向，仅与拍摄时选定的物方坐标系有关，而与相机无关，这些参数是外部参数，也即成像时的外方位元素。

2．鱼眼相机成像方程

鱼眼镜头的成像与常规镜头的成像有较大差异,图 3-10 所示为鱼眼镜头的成像原理,物方点 P 和其对应的像点 p 通常由 P 点的入射角 α 和对应像点 p 的向径 r 之间的某种函数 $r = F(\alpha)$ 来表示,在不同的镜头上可以被设计成不同的函数,如采用 $r = f\tan\alpha$、$r = f\alpha$、$r = f\sin\alpha$ 等函数形式,图 3-11 中所示为不同函数的曲线。除成像模型参数之外,由于镜头的加工工艺不理想,成像过程并不能完全严格服从成像模型。因此,在成像模型基础上还应增加相应的畸变差改正,通常用多项式来表达,如同采用类似式（3-3）中的畸变差改正方法。

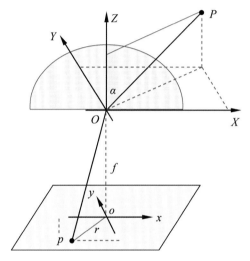

图 3-10　鱼眼镜头成像示意图

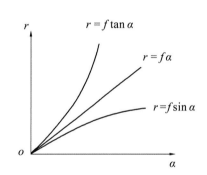

图 3-11　不同镜头成像曲线

3．全景相机成像方程

全景影像（panoramic image）是视角超过一般正常视角（包括超广角、鱼眼视角）的影像,最大视角可达水平 $360°$ 及垂直 $180°$ 的完整全方位视角。全景影像视场角超过了单个镜头成像所能达到的视场角范围,因此一般只能由多个视场影像拼接而成。全景影像的多个视场分别朝向不同方向,在摄影时因为相机镜头间有一定距离,各镜头前节点不重合,存在位置偏移,各相机的成像视场间存在重叠和交叉,因此使用多视场影像拼接全景影像时,应针对视场的重叠与交叉进行视场缝合。由此生成的全景影像已经过重采样处理,其存储格式与普通数字影像一样,但像素行列号不再代表成像共线条件方程中的像点坐标,而代表与成像参考面的夹角。如球面全景影像的像点坐标表示为

$$\begin{cases} u = C\alpha_{\mathrm{H}} / \mathrm{HOV}_{\mathrm{H}} \\ v = R\alpha_{\mathrm{V}} / \mathrm{HOV}_{\mathrm{V}} \end{cases} \tag{3-22}$$

其中:C、R 为全景影像的列数与行数;α_{H}、α_{V} 为某点在全景场景中横纵向的角度;$\mathrm{HOV}_{\mathrm{H}}$、$\mathrm{HOV}_{\mathrm{V}}$ 为全景场景横纵向视场角大小。

3.3.3　成像参数均已知的平差模型

物方点空间坐标与影像的外方位元素作为待解求参数必然在光束法区域网平差中解求。当成像参数均已知时，通过共线条件方程，由成像参数和物方点在多幅影像上的同名像点计算物方点在物方空间坐标系的坐标，此时解算的实质为多片空间前方交会。

对于式（3-13）数字影像的共线条件方程式，令

$$\begin{cases} \bar{u} = u - u_0 + \Delta u \\ \bar{v} = (\text{Rows} - v - v_0 + \Delta v)\, k_y \end{cases} \tag{3-23}$$

共线条件方程可写为

$$\begin{cases} \bar{u} = -f\, \dfrac{a_1(X - X_s) + b_1(Y - Y_s) + c_1(Z - Z_s)}{a_3(X - X_s) + b_3(Y - Y_s) + c_3(Z - Z_s)} \\[3mm] \bar{v} = -f\, \dfrac{a_2(X - X_s) + b_2(Y - Y_s) + c_2(Z - Z_s)}{a_3(X - X_s) + b_3(Y - Y_s) + c_3(Z - Z_s)} \end{cases} \tag{3-24}$$

将式（3-24）展开成关于待定参数(X, Y, Z)的方程

$$\begin{cases} (a_3\bar{u} + a_1 f)\, X + (b_3\bar{u} + b_1 f)\, Y + (c_3\bar{u} + c_1 f)\, Z = (a_3\bar{u} + a_1 f)\, X_s \\ \qquad\qquad\qquad\qquad\qquad\qquad + (b_3\bar{u} + b_1 f)\, Y_s + (c_3\bar{u} + c_1 f)\, Z_s \\ (a_3\bar{v} + a_2 f)\, X + (b_3\bar{v} + b_2 f)\, Y + (c_3\bar{v} + c_2 f)\, Z = (a_3\bar{v} + a_2 f)\, X_s \\ \qquad\qquad\qquad\qquad\qquad\qquad + (b_3\bar{v} + b_2 f)\, Y_s + (c_3\bar{v} + c_2 f)\, Z_s \end{cases} \tag{3-25}$$

简记为

$$\begin{cases} a_x X + b_x Y + c_x Z = d_x \\ a_y X + b_y Y + c_y Z = d_y \end{cases} \tag{3-26}$$

式（3-26）为由两个空间平面方程表达的空间直线方程，即像点、投影中心点及物方点所在的"线"的方程。写成误差方程式形式如下：

$$\begin{pmatrix} v_R \\ v_C \end{pmatrix} = \begin{pmatrix} a_x & b_x & c_x \\ a_y & b_y & c_y \end{pmatrix} \begin{pmatrix} X \\ Y \\ Z \end{pmatrix} - \begin{pmatrix} d_x \\ d_y \end{pmatrix} \tag{3-27}$$

式（3-27）中的观测值改正数并非原始像点观测值(u, v)的误差项，所以记为(v_R, v_C)。

当某一物方点同时在n幅影像中成像时，即可列出$2n$个误差方程式：

$$\begin{cases} v_1 = a_1 X + b_1 Y + c_1 Z - d_1 \\ v_2 = a_2 X + b_2 Y + c_2 Z - d_2 \\ \qquad\qquad\quad \vdots \\ v_{2n-1} = a_{2n-1} X + b_{2n-1} Y + c_{2n-1} Z - d_{2n-1} \\ v_{2n} = a_{2n} X + b_{2n} Y + c_{2n} Z - d_{2n} \end{cases} \tag{3-28}$$

写成矩阵形式为

$$\boldsymbol{V} = \boldsymbol{A}\boldsymbol{X} - \boldsymbol{L} \tag{3-29}$$

由此即可按最小二乘法解求目标点在物方坐标系中的坐标(X, Y, Z)。

3.3.4　成像参数全部或部分未知的平差模型

可纳入光束法区域网平差的待定参数是指与相机有关的参数，包括相机的内方位元素和相机的系统误差改正参数。对于大部分众源影像来说，拍摄所用相机未经过检校，所有成像参数均为未知。

将所有点的像点坐标 (u,v) 作为观测值，像点坐标仍然用 (x,y)，对应的像主点坐标和像点系统误差改正也用 (x_0,y_0) 和 $(\Delta x,\Delta y)$ 来表示，同时令：$y=\text{Rows}-y$、$f_x=f$、$f_y=f/ky$，式（3-13）可简记为

$$\begin{cases} x=-f_x\dfrac{\overline{X}}{\overline{Z}}+x_0-\Delta x \\[3mm] y=-f_y\dfrac{\overline{Y}}{\overline{Z}}+y_0-\Delta y \end{cases} \tag{3-30}$$

平差处理过程中，因存在多余观测值，观测值的平差值表示为观测值加上对应的观测值改正值，即：$\hat{x}=x+v_x$、$\hat{y}=y+v_y$，而待解求参数（包括待定点物方空间坐标和影像成像参数）在线性化的过程中表示为参数初始值加上改正数的形式，如 $X_s=X_s^0+\Delta X_s$，式（3-30）写作

$$\begin{cases} x+v_x=\left(-f_x\dfrac{\overline{X}}{\overline{Z}}+x_0-\Delta x\right)+d_x \\[3mm] y+v_y=\left(-f_y\dfrac{\overline{Y}}{\overline{Z}}+y_0-\Delta y\right)+d_y \end{cases} \tag{3-31}$$

式（3-31）中，d_x 与 d_y 为泰勒级数展开式的一次项：

$$\begin{cases} d_x=\dfrac{\partial x}{\partial X_s}\Delta X_s+\dfrac{\partial x}{\partial Y_s}\Delta Y_s+\cdots+\dfrac{\partial x}{\partial Z}\Delta Z \\[3mm] d_y=\dfrac{\partial y}{\partial X_s}\Delta X_s+\dfrac{\partial y}{\partial Y_s}\Delta Y_s+\cdots+\dfrac{\partial y}{\partial Z}\Delta Z \end{cases} \tag{3-32}$$

x^0 与 y^0 为由待解参数初值计算得到的 x 与 y 的近似值：

$$\begin{cases} x^0=-f_x\dfrac{\overline{X}}{\overline{Z}}+x_0-\Delta x \\[3mm] y^0=-f_y\dfrac{\overline{Y}}{\overline{Z}}+y_0-\Delta y \end{cases} \tag{3-33}$$

即由待定点物方空间坐标和影像成像参数的初值计算得到，计算公式如下：

$$\begin{cases} x^0=-f_x\dfrac{a_1(X-X_s)+b_1(Y-Y_s)+c_1(Z-Z_s)}{a_3(X-X_s)+b_3(Y-Y_s)+c_3(Z-Z_s)}+x_0-\Delta x \\[3mm] y^0=-f_y\dfrac{a_2(X-X_s)+b_2(Y-Y_s)+c_2(Z-Z_s)}{a_3(X-X_s)+b_3(Y-Y_s)+c_3(Z-Z_s)}+y_0-\Delta y \end{cases} \tag{3-34}$$

由式（3-31），得像点坐标改正数方程（误差方程式）：

$$\begin{pmatrix} v_x \\ v_y \end{pmatrix}=\begin{pmatrix} d_x \\ d_y \end{pmatrix}-\begin{pmatrix} x-x^0 \\ y-y^0 \end{pmatrix} \tag{3-35}$$

式（3-35）可展开为

$$
\begin{pmatrix} v_x \\ v_y \end{pmatrix} = \begin{pmatrix} \dfrac{\partial x}{\partial X_s} & \dfrac{\partial x}{\partial Y_s} & \cdots & \dfrac{\partial x}{\partial y_0} & \dfrac{\partial x}{\partial X} & \dfrac{\partial x}{\partial Y} & \dfrac{\partial x}{\partial Z} \\ \dfrac{\partial y}{\partial X_s} & \dfrac{\partial y}{\partial Y_s} & \cdots & \dfrac{\partial y}{\partial y_0} & \dfrac{\partial y}{\partial X} & \dfrac{\partial y}{\partial Y} & \dfrac{\partial y}{\partial Z} \end{pmatrix} \begin{pmatrix} \Delta X_s \\ \Delta Y_s \\ \vdots \\ \Delta y_0 \\ \Delta X \\ \Delta Y \\ \Delta Z \end{pmatrix} - \begin{pmatrix} x - x^0 \\ y - y^0 \end{pmatrix} \tag{3-36}
$$

式（3-36）中各偏导数也由待定点物方空间坐标和影像成像参数的初值计算得到，把未知数按内方位元素、外方位元素、系统误差改正参数、物方空间坐标分类，有

$$
\begin{pmatrix} v_x \\ v_y \end{pmatrix} = \begin{pmatrix} \dfrac{\partial x}{\partial f_x} & \dfrac{\partial x}{\partial f_y} & \dfrac{\partial x}{\partial x_0} & \dfrac{\partial x}{\partial y_0} \\ \dfrac{\partial y}{\partial f_x} & \dfrac{\partial y}{\partial f_y} & \dfrac{\partial y}{\partial x_0} & \dfrac{\partial y}{\partial y_0} \end{pmatrix} \begin{pmatrix} \Delta f_x \\ \Delta f_y \\ \Delta x_0 \\ \Delta y_0 \end{pmatrix} + \begin{pmatrix} \dfrac{\partial x}{\partial k_1} & \dfrac{\partial x}{\partial k_2} & \cdots & \dfrac{\partial x}{\partial p_2} \\ \dfrac{\partial y}{\partial k_1} & \dfrac{\partial y}{\partial k_2} & \cdots & \dfrac{\partial y}{\partial p_2} \end{pmatrix} \begin{pmatrix} \Delta k_1 \\ \Delta k_2 \\ \vdots \\ \Delta p_2 \end{pmatrix}
$$

$$
+ \begin{pmatrix} \dfrac{\partial x}{\partial X_s} & \dfrac{\partial x}{\partial Y_s} & \dfrac{\partial x}{\partial Z_s} & \dfrac{\partial x}{\partial \varphi} & \dfrac{\partial x}{\partial \omega} & \dfrac{\partial x}{\partial \kappa} \\ \dfrac{\partial y}{\partial X_s} & \dfrac{\partial y}{\partial Y_s} & \dfrac{\partial y}{\partial Z_s} & \dfrac{\partial y}{\partial \varphi} & \dfrac{\partial y}{\partial \omega} & \dfrac{\partial y}{\partial \kappa} \end{pmatrix} \begin{pmatrix} \Delta X_s \\ \Delta Y_s \\ \Delta Z_s \\ \Delta \varphi \\ \Delta \omega \\ \Delta \kappa \end{pmatrix} \tag{3-37}
$$

$$
+ \begin{pmatrix} \dfrac{\partial x}{\partial X} & \dfrac{\partial x}{\partial Y} & \dfrac{\partial x}{\partial Z} \\ \dfrac{\partial y}{\partial X} & \dfrac{\partial y}{\partial X} & \dfrac{\partial y}{\partial X} \end{pmatrix} \begin{pmatrix} \Delta X \\ \Delta Y \\ \Delta Z \end{pmatrix} - \begin{pmatrix} x - x^0 \\ y - y^0 \end{pmatrix}
$$

即

$$
V = J_1 X_1 + J_2 X_2 + J_3 X_3 + J_4 X_4 - L \tag{3-38}
$$

或整体写为

$$
V = JX - L \tag{3-39}
$$

系数阵中，各偏导数为

$$
\frac{\partial x}{\partial X_s} = -\frac{\partial x}{\partial X} = \frac{1}{Z} \big[a_1 f_x + a_3 (x - x_0) \big]
$$

$$
\frac{\partial x}{\partial Y_s} = -\frac{\partial x}{\partial Y} = \frac{1}{Z} \big[b_1 f_x + b_3 (x - x_0) \big]
$$

$$
\frac{\partial x}{\partial Z_s} = -\frac{\partial x}{\partial Z} = \frac{1}{Z} \big[c_1 f_x + c_3 (x - x_0) \big]
$$

$$
\frac{\partial y}{\partial X_s} = -\frac{\partial y}{\partial X} = \frac{1}{Z} \big[a_2 f_y + a_3 (y - y_0) \big]
$$

$$\frac{\partial y}{\partial Y_s} = -\frac{\partial y}{\partial Y} = \frac{1}{Z}\left[b_2 f_y + b_3 (y - y_0)\right]$$

$$\frac{\partial y}{\partial Z_s} = -\frac{\partial y}{\partial Z} = \frac{1}{Z}\left[c_2 f_y + c_3 (y - y_0)\right]$$

$$\frac{\partial x}{\partial \varphi} = (y - y_0)\sin\omega - \left\{\frac{x - x_0}{f_x}\left[(x - x_0)\cos\kappa - (y - y_0)\sin\kappa\right] + f_x \cos\kappa\right\}\cos\omega$$

$$\frac{\partial x}{\partial \omega} = -f_x \sin\kappa - \frac{x - x_0}{f_x}\left[(x - x_0)\sin\kappa + (y - y_0)\cos\kappa\right]$$

$$\frac{\partial x}{\partial \kappa} = y - y_0$$

$$\frac{\partial y}{\partial \varphi} = -(x - x_0)\sin\omega - \left\{\frac{y - y_0}{f_y}\left[(x - x_0)\cos\kappa - (y - y_0)\sin\kappa\right] - f_y \sin\kappa\right\}\cos\omega$$

$$\frac{\partial y}{\partial \omega} = -f_y \cos\kappa - \frac{y - y_0}{f_y}\sin\kappa + (y - y_0)\cos\kappa$$

$$\frac{\partial y}{\partial \kappa} = -(x - x_0)$$

$$\frac{\partial x}{\partial f_x} = \frac{x - x_0}{f_x}, \qquad \frac{\partial x}{\partial f_y} = 0$$

$$\frac{\partial y}{\partial f_x} = 0, \qquad \frac{\partial y}{\partial f_y} = \frac{y - y_0}{f_y}$$

$$\frac{\partial x}{\partial x_0} = 1, \qquad \frac{\partial x}{\partial y_0} = 0$$

$$\frac{\partial y}{\partial y_0} = 1, \qquad \frac{\partial y}{\partial x_0} = 0$$

3.3.5　约束条件的使用

当建模对象或目标上有一些已知条件时，通常可作为平差解算中的约束条件使用。如已知某两个点之间的距离、某几个点位于同一直线上、某些点位于同一个平面上等。其中，已知两点之间的空间距离是最常见的一种条件，也是最常使用的约束条件。当具备空间距离约束条件时，可将约束条件方程和像点坐标观测方程放在一起按具有约束条件的间接平差方法进行求解。

空间两点 (X_i, Y_i, Z_i)，(X_j, Y_j, Z_j) 之间的欧氏距离 D 可表示为

$$D^2 = (X_i - X_j)^2 + (Y_i - Y_j)^2 + (Z_i - Z_j)^2 \tag{3-40}$$

当 (X_i, Y_i, Z_i)，(X_j, Y_j, Z_j) 两点坐标未知而两点之间的空间距离 D^0 已知时，可由此已知的空间距离列出距离约束条件方程式

$$\frac{(X_i - X_j)}{D^0}(\Delta X_i - \Delta X_j) + \frac{(Y_i - Y_j)}{D^0}(\Delta Y_i - \Delta Y_j) + \frac{(Z_i - Z_j)}{D^0}(\Delta Z_i - \Delta Z_j) + (D^0 - D) = 0 \tag{3-41}$$

式中包含 i、j 两点的坐标改正数 ΔX_i，ΔY_i，ΔZ_i，ΔX_j，ΔY_j，ΔZ_j 共六项。

当有约束条件时，将观测方程和约束条件方程一起按附有约束（限制）条件的间接平差方法进行平差求解。

3.3.6　平差的求解

平差最常用的准则为最小二乘准则，即观测值误差平方总和最小，是一个非线性函数。对于这种不方便直接求解的最小二乘问题，人们通常采用迭代的方式，从一个初始值出发，不断地更新当前的优化变量，使目标函数下降。对于下面这样一个简单的最小二乘问题：

$$\min_x \frac{1}{2}\|g(x)\|^2 \tag{3-42}$$

其中：$x \in \mathbf{R}^n$；g 为任意非线性函数；$g(x)$ 有 m 维，$g(x) \in \mathbf{R}^m$。其具体步骤如下：

（1）给定初始值 x_0；

（2）对于第 k 次迭代，寻找一个增量 Δx_k，使得 $\|g(x + \Delta x_k)\|^2$ 达到最小值；

（3）若 Δx_k 足够小，则停止。

（4）否则，令 $x_{k+1} = x_k + \Delta x_k$，返回（2）。

这样问题就变成了一个不断寻找梯度下降的过程，直到增量很小，无法使函数下降。此时算法收敛，目标达到一个极小。关键的问题就是如何求解增量 Δx。

1. 高斯牛顿法

将 $f(x)$ 进行一阶泰勒展开

$$f(x + \Delta x) \approx f(x) + J(x)\Delta x \tag{3-43}$$

这里 $J(x)$ 表示 $f(x)$ 关于 x 的导数。当前的目标是寻找下降矢量 Δx，使得 $\|f(x + \Delta x)\|^2$ 达到最小。为此，需要解一个线性的最小二乘问题：

$$\arg\min_{\Delta x} \frac{1}{2}\|f(x) + J(x)\Delta x\|^2 \tag{3-44}$$

式（3-44）对 Δx 求导，先将目标函数的平方项展开

$$\frac{1}{2}\|f(x) + J(x)\Delta x\|^2 = \frac{1}{2}[f(x) + J(x)\Delta x]^{\mathrm{T}}[f(x) + J(x)\Delta x]$$
$$= \frac{1}{2}\left[\|f(x)\|^2 + 2f(x)^{\mathrm{T}}J(x)\Delta x + \Delta x^{\mathrm{T}}J(x)^{\mathrm{T}}J(x)\Delta x\right] \tag{3-45}$$

求式（3-45）关于 Δx 的导数，并令其等于零：

$$2J(x)^{\mathrm{T}}f(x) + 2J(x)^{\mathrm{T}}J(x)\Delta x = 0 \tag{3-46}$$

可得

$$J(x)^{\mathrm{T}}J(x)\Delta x = -J(x)^{\mathrm{T}}f(x) \tag{3-47}$$

取 $J(x)^{\mathrm{T}} J(x) = H$，$-J(x)^{\mathrm{T}} f(x) = G$，则上式变为

$$H \Delta x = G \tag{3-48}$$

若能顺利求解出式（3-48），则高斯牛顿法的求解步骤如下：

（1）给定初始值 x_0；

（2）对于第 k 次迭代，求出当前的雅可比矩阵 $J(x_k)$ 和误差 $f(x_k)$；

（3）求解增量方程（3-47）；

（4）若 Δx 足够小，则停止，否则，令 $x_{k+1} = x_k + \Delta x$，返回（2）。

2. 列文伯格–马夸尔特方法

列文伯格–马夸尔特法（Levenberg-Marquardt）（Zhao et al., 2016; Moré, 1978）将梯度法和牛顿法结合起来。数学上称为阻尼最小二乘法的思路，只有在信赖区间内才可靠。该区域使用下式来进行确定：

$$\rho = \frac{f(x + \Delta x) - f(x)}{J(x) \Delta x} \tag{3-49}$$

如果 ρ 的值接近于 1，则说明有一个好的近似；如果 ρ 较小，说明实际减小的值远少于近似减少的值，需要缩小近似范围；如果 ρ 较大，则说明实际下降的比预计的更大，需要放大近似范围。

给定 x 初始值 x_0 和初始优化半径 μ_0，对于第 k 次迭代，求解

$$\min_{\Delta x_k} \frac{1}{2} \| f(x_k) + J(x_k) \|^2, \qquad \text{s.t.} \| D \Delta x_k \|^2 \leqslant \mu \tag{3-50}$$

其中：μ 为信赖区域的半径；D 为变换矩阵，在没有时，增量限制在一个半径为 μ 的球内，加入 D 后球可以看做一个椭球。计算 ρ，根据经验，若 $\rho > \frac{3}{4}$，则 $\mu = 2\mu_0$；若 $\rho < \frac{1}{4}$，则 $\mu = \frac{1}{2} \mu_0$。设定某个阈值，如果 ρ 大于某阈值，则认为近似可行，令 $x_{k+1} = x_k + \Delta x$。判断算法是否收敛，若不收敛则继续迭代，否则结束。

式（3-50）是一个带不等式约束的优化问题，利用拉格朗日乘子，将其转化成一个无约束的优化问题：

$$\min_{\Delta x_k} \frac{1}{2} \| f(x_k) + J(x_k) \Delta x_k \|^2 + \frac{\lambda}{2} \| D \Delta x \|^2 \tag{3-51}$$

这里 λ 为拉格朗日乘子。把它展开后可以得到如下线性的增量方程：

$$(H + \lambda D^{\mathrm{T}} D) \Delta x = G \tag{3-52}$$

如果 D 取单位矩阵 I，上式变为

$$(H + \lambda I) \Delta x = G \tag{3-53}$$

当 λ 较小时，H 占主要地位，说明二次近似模型在该范围内有比较好的近似，列文伯格–马夸尔特方法更接近于高斯牛顿法。当 λ 较大时，则说明一阶梯度法有更好的效果。

3.3.7　光束网平差的稀疏性

大的光束网平差问题,比如从几千张影像中重建三维场景,需要求解大量的未知参数(包括相机位姿和物方点三维坐标),这是非常困难的,会耗费大量的时间。幸运的是,研究人员发现了 3.3.6 小节中矩阵 $\boldsymbol{H}$ 的稀疏性（高翔 等,2017；Szeliski,2010）。$\boldsymbol{H}$ 矩阵的稀疏性是由雅可比矩阵 $\boldsymbol{J}(\boldsymbol{x})$ 引起的。对于每个特征点 x_{ij},它是由相机在位置 $(\boldsymbol{R}_j,\boldsymbol{t}_j)$ 观测空间点 p_i 得到的。图 3-12 表示了从相机到物方点的观测示意图,其中方块表示了相机位姿,圆圈表示了空间点坐标,连线表示某空间点在该相机位姿下可见。如果特征点的位置已知,则相机位姿的求解方程完全独立,反之亦然。图 3-13 表示了雅可比矩阵的稀疏结构,图 3-14 表示了 $\boldsymbol{H}$ 矩阵的稀疏结构,其中填色的方块表示在对应的矩阵块有数值,没有颜色块则表示该处值为 0。

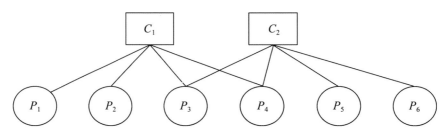

图 3-12　从相机到物方点的观测示意图

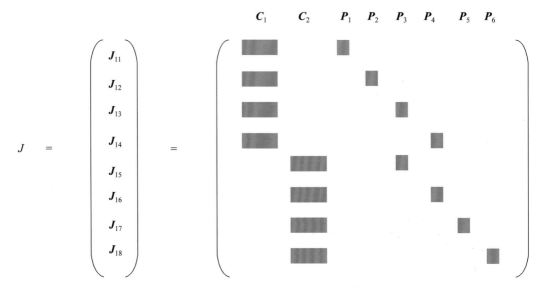

图 3-13　雅可比矩阵 $\boldsymbol{J}$ 的稀疏性

对于这种具有稀疏结构的 $\boldsymbol{H}$,有多种加速方法。本书介绍一种最常用的方法：Schur 消元（Schur elimination）。从图 3-14 可以看出,$\boldsymbol{H}$ 矩阵可以分为四块（$\boldsymbol{B},\boldsymbol{F},\boldsymbol{F}^{\mathrm{T}},\boldsymbol{C}$）,左上角 $\boldsymbol{B}$ 和右下角 $\boldsymbol{C}$ 为对角阵,其中左上角每个块元素的维度与相机位姿的维度相同,右

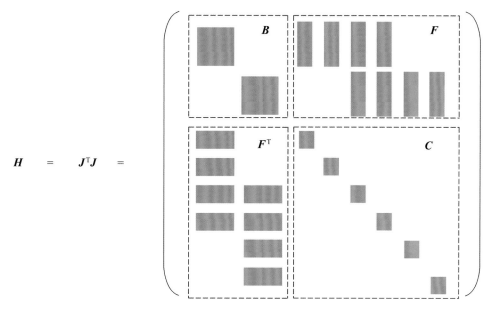

$$H \quad = \quad J^{\mathrm{T}}J \quad =$$

图 3-14　H 矩阵的稀疏性

下角每个块元素的维度与路标的维度相同。非对角块的结构取决于具体的观测数据。

对应的线性方程组 $H\Delta x = G$ 可变为

$$\begin{pmatrix} B & F \\ F^{\mathrm{T}} & C \end{pmatrix}\begin{pmatrix} \Delta x_c \\ \Delta x_p \end{pmatrix} = \begin{pmatrix} m \\ n \end{pmatrix} \tag{3-54}$$

其中：B 的对角块的个数等于相机变量的个数，而 C 的对角块的个数为物方点的数量。由于物方点的个数会远大于相机变量的个数，所以 C 往往会比 B 大很多。对角块矩阵求逆的难度会远小于一般矩阵的求逆难度，只需对对角线矩阵分别求逆。基于这个特性，对线性方程组进行高斯消元，去除右上角的非对角部分 F，得

$$\begin{pmatrix} I & -FC^{-1} \\ 0 & I \end{pmatrix}\begin{pmatrix} B & F \\ F^{\mathrm{T}} & C \end{pmatrix}\begin{pmatrix} \Delta x_c \\ \Delta x_p \end{pmatrix} = \begin{pmatrix} I & -FC^{-1} \\ 0 & I \end{pmatrix}\begin{pmatrix} m \\ n \end{pmatrix} \tag{3-55}$$

即

$$\begin{pmatrix} B - FC^{-1}F^{\mathrm{T}} & 0 \\ F^{\mathrm{T}} & C \end{pmatrix}\begin{pmatrix} \Delta x_c \\ \Delta x_p \end{pmatrix} = \begin{pmatrix} m - EC^{-1}n \\ n \end{pmatrix} \tag{3-56}$$

经过消元后，方程组第一行变成和 Δx_p 无关的项。由此可得

$$\left(B - FC^{-1}F^{\mathrm{T}} \right)\Delta x_c = m - FC^{-1}n \tag{3-57}$$

这个线性方程组的维度和 B 矩阵的维度相同。先根据这个方程，求解出 Δx_c，代入式 (3-58)，进一步求解出 Δx_p，这个过程叫做 Schur 消元。

$$F^{\mathrm{T}}\Delta x_c + C\Delta x_p = n \tag{3-58}$$

3.4　常见工具与软件

3.4.1　开源平差解算代码包

1. SBA

SBA[①]（Lourakis et al., 2009）是一个开源的通用稀疏矩阵光束法平差 C/C++软件包。它基于 GNU 通用公共许可证 GPL 发布。光束法平差几乎是作为每个基于特征的多视几何三维重建算法的最后一个步骤，用来获得最优的三维 SfM（即相机参数和三维坐标点）参数估计。在已知初值的条件下，光束法平差通过最小化像点观测坐标（observed image points）与投影坐标（predicted image points）之间的投影误差（reprojection error），来同时优化运动和结构参数。最小化通常借助于列文伯格–马夸尔特算法实现。然而，由于大量的未知数（影像的内外方位元素、像点对应物方点的三维几何坐标）作用于最小化投影误差，列文伯格–马夸尔特算法的通用化实现在应用于光束法平差背景下定义的最小化问题时，将产生很高的计算代价。

由于未知数之间缺乏相关性，误差法方程呈现稀疏的块状结构。SBA 利用这种稀疏性，通过列文伯格–马夸尔特算法简化稀疏变量来降低算法的复杂度。在某种意义上说，SBA 是通用的，它允许用户完全控制描述相机和三维结构的参数的定义。因此，它事实上可以支持多视重建问题的显示和参数化，例如任意投影相机、部分或完全标定的相机，由固定三维点进行外方位元素（即姿态）的估计、内方位参数的精化等。用户要想在这类问题中使用 SBA，只需要为它提供适当的实例化来计算估计的影像投影方程和它们的雅可比函数行列式。用于计算解析雅可比函数行列式的程序可以是手头的代码，或者使用支持符号分化微分的工具（如 Maple）生成的代码，或者使用自动微分技术获得的代码。也可以选择近似的雅可比函数行列式，辅之以有限差分方程。另外，SBA 还包含检查用户提供的雅可比函数行列式的一致性例程。

2. Bundler

Bundler[②]（Snavely et al., 2006）是一个针对无序影像集（如来自互联网的影像）的 SfM 系统。它是一个强大而有效的系统，该系统的有效性涉及许多独立子任务，通过利用多核心集群和 GPU 并行化这些任务，可以在一天之内生产城市规模的 3D 模型（Frahm et al., 2010；Agarwal et al., 2009）。它的早期版本用于著名的利用无序影像进行城市三维重建项目：Photo Toursim[③]和"一日重建罗马"[④]。

---

① 引自：http://users.ics.forth.gr/~lourakis/sba/

② 引自：http://www.cs.cornell.edu/~snavely/bundler/

③ 引自：http://phototour.cs.washington.edu/

④ 引自：http://grail.cs.washington.edu/projects/rome/

　　Bundler 利用影像数据集和影像之间的同名匹配点作为输入，通过平差解算输出影像内外方位元素和稀疏场景几何的三维重建结果。该系统使用 SBA 的修改版本作为平差解算的核心，以逐渐增长的方式重建三维几何场景，目前已经在许多互联网影像集合以及更多的结构化影像集合中成功运行。

3．Ceres Solver

　　Ceres Solver[①]是 Google 公司开发的一个非线性最小二乘问题 C++语言求解工具包，可用于建模和解决大型复杂优化问题。它被用于 Google 公司产品多年，其功能强大丰富、计算高效稳定，自 2010 年以来受到 Google 公司持续的开发支持。Ceres Solver 的应用非常广泛，Colmap、Theia 和 OpenMVG 等开源 SfM 软件均使用 Ceres Solver 进行平差解算。

3.4.2　开源 SfM 软件

1．VisualSFM

　　VisualSFM[②]（Wu et al.，2013，2011）是 Changchang Wu 编写的一个使用 SfM 进行三维重建的交会界面应用程序，它的操作非常方便，根据软件界面中的指令就可轻松使用。其优点如下：①支持跨平台使用，在 Windows、Linux 和 Mac OSX 系统上都可以运行；②流程可控，如果运行出错可快速定位问题。但是，VisualSFM 是一个轻量级的 SfM 软件，对于影像的内方位元素，仅支持解算焦距 f、径向畸变参数 k_1 和 k_2，不支持解算全部的内方位元素，因此其解算精度有限。

2．Colmap

　　Colmap[③]（Schönberger et al.，2016a）是一个通用的 SfM 和多视立体生产流程，具有图形和命令行界面。它提供了一系列摄影测量的功能，支持航空影像、倾斜多视影像和近景无序图像的重建。

　　Colmap 的增量式 SfM 的流程如图 3-15 所示。

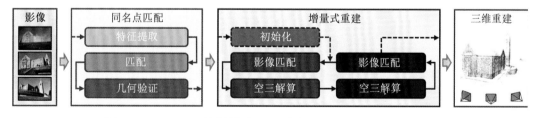

图 3-15　Colmap 的增量式 SfM 流程（Schönberger，2016）

---

① 引自：http://ceres-solver.org/

② 引自：http://ccwu.me/vsfm/

③ 引自：https://colmap.github.io/index.html

SfM 是从三维物体的二维投影影像集恢复物体三维结构的过程。它的输入是从不同视角拍摄的同一物体的具有一定重叠度的影像,输出则是拍摄对象的三维重建结果和所有影像的内外方位元素。通常,SfM 分为三个阶段:①特征检测与提取;②特征匹配与粗差剔除;③运动与结构重建。Colmap 将这些阶段反映在不同的程序模块中,因此可以根据应用场景的不同进行组合。

Colmap 具有以下 5 个特点。

(1)内方位参数设置灵活。用户可以自动从影像的 Exif 信息中提取焦距信息,或者手动指定内方位参数,例如在实验室标定中获得的。如果影像具有部分 Exif 信息,Colmap 将尝试自动在大型数据库中找到缺少的相机参数。如果所有的影像是相同的物理相机拍摄,具有相同的缩放因子,可以在所有图像中使用统一的内方位元素;如果多组影像具有相同的固有摄像机参数,可以方便地修改摄像机型号。

(2)影像可分组。可指定具有相同内方位元素的影像为一组,那么在平差解算时它们具有相同的内方位元素未知数。极端情况下,可设置每张影像为一组,即所有影像的内方位元素各不相同。

(3)相机模型可选。Colmap 根据不同的复杂度实现了不同的相机模型,具有 SIMPLE_PINHOLE(简单针孔模型),PINHOLE(针孔模型),SIMPLE_RADIAL(简单畸变),RADIAL(畸变),OPENCV,FULL_OPENCV,SIMPLE_RADIAL_FISHEYE(鱼眼简单畸变),RADIAL_FISHEYE(鱼眼畸变),OPENCV_FISHEYE(OpenCV 鱼眼),FOV,THIN_PRISM_FISHEYE 等模型,用户可根据相机类似选择最合适的相机模型。

(4)特征匹配策略可选。具有穷举匹配(exhaustive matching,每张影像与其他所有影像进行匹配,适用于影像数量较少的情况)、序列匹配(sequential matching,每张影像与相邻影像匹配,适用于视频相机拍摄的序列影像)、词汇树匹配(vocabulary tree matching,每张影像与词汇树中最相邻的多张影像匹配,适用于大量的无序影像)、空间匹配(spatial matching,根据 Exif 信息中 GPS 位置信息确定影像相邻关系进行匹配)、传递匹配(transitive matching)和自定义匹配(custom matching,用户自行指定影像相邻关系)六种匹配策略。其中尤其值得介绍的是词汇树匹配,该匹配策略根据影像的特征建立词汇树,用于快速的图像检索,可实现无序影像相邻关系的快速确定,极大提高无序影像集匹配的效率。

(5)平差算法可选。Colmap 集成了 SBA 和 Ceres Solver 两种平差解算算法供用户选择。

3. Regard3D

Regard3D[①]是一个由业余爱好者开发的摄影测量软件。其开发者 Roman Hiestand 是一家瑞士公司的软件工程师,他自称为一个业余的摄影测量爱好者,通过集成几个优秀的软件库和程序,开发了摄影测量软件 Regard3D,目前已经发布了 0.9.1 版本。Regard3D

---

① 引自:http://www.regard3d.org

使用从不同角度拍摄的照片创建 3D 模型，为此完成了一系列摄影测量工作，包括：特征点检测（如角点、边缘等）、特征描述、特征匹配、确定相机的三维位置和姿态、稀疏点云生成、密集点云或表面生成。Regard3D 完全免费使用，由 Regard3D 创建的所有工作也可以自由使用。

3.4.3 商业化 SfM 软件

1. Pix4D

Pix4D[①]软件主要针对热门的无人机影像三维重建，具有包括移动端、桌面端和云端的独特工作流程，可从无人机飞行规划到项目完成，生成点云数字表面模型、数字高程模型、正射影像和纹理模型等产品。主要功能包括：①数据获取，任何相机获取的任何图像均可使用，并可在手机或平板电脑上使用 Pix4D Capture 飞行规划 APP 进行无人机操作、飞行检查和数据获取；②数据处理，在 Pix4D 桌面端进行离线处理，完全控制数据，无需互联网连接；在 Pix4D 云端进行全自动化，免硬件在线处理；③数据分析，在桌面端可使用高级编辑功能，进行质量控制和三维测量，在云端可以进行随时间推移的项目监控，对施工项目进行图层叠加，自动生成 NDVI 地图；④结果分享，在线轻松协作和注释，使用简单的 URL 共享地图、模型和分析结果。

2. PhotoScan

PhotoScan[②]是一款基于影像自动生成高质量三维模型的软件。PhotoScan 无须设置初始值，无须相机检校，它根据最新的多视影像三维重建技术，可对任意照片进行处理，无须控制点，就可以生成真实坐标的三维模型。照片的拍摄位置是任意的，无论是航摄影像还是高分辨率数码相机拍摄的影像都可以使用。整个工作流程无论是影像定向还是三维模型重建过程都是完全自动化的。

PhotoScan 可生成高分辨率真正射影像（使用控制点可达 5 cm 精度）及带精细色彩纹理的 DEM 模型。它的完全自动化的工作流程，使得即使是非专业人员也可以在一台电脑上处理成百上千张航空影像，生成专业级别的摄影测量数据。

3. Smart3D Capture

Smart3D Capture[③]支持广泛多样的影像采集设备，如手机、卡片数码相机、单反数码相机、摄影测量专用相机及多角度摄相机系统。不仅可以处理静态影像，也可以处理从数字摄影机摄像动画中截取的视频帧。虽然 Smart3D Capture 对相机分辨率没有最小要求，但是高分辨率的相机可以用较少影像数量按照指定精度完成对物体影像采集，而且处理速

---

① 引自：https://pix4d.com.cn/

① 引自：http://www.agisoft.com/

① 引自：http://www.acute3d.com/

度要快于低分辨率的相机。Smart3D Capture 有效考虑了物体在图像的可视性 (地物遮挡问题)，智能地处理了图像一致性测度和规则化测度，并自适应调节 mesh 的分辨率，在简单物体、室外建筑物场景、文物遗产和自然地貌等影像的密集匹配上取得了很好的效果。

3.5　本 章 小 结

本章首先介绍了运动恢复结构的原理和过程；其次介绍了众源影像匹配中应用比较广泛的点特征提取算子，包括传统特征算子、尺度不变特征算子和二进制特征算子；然后分析了众源影像的成像特点及成像方程，特别对当前最为流行的智能手机的成像特点进行了针对性研究，同时讨论了鱼眼影像、全景影像的有关概念，并阐述了不同成像条件下的平差数学模型，重点阐述了众源影像光束法区域网平差原理；最后介绍了常用的运动恢复结构工具和软件。

参 考 文 献

高翔, 张涛, 刘毅, 等, 2017. 视觉 SLAM 十四讲:从理论到实践. 北京: 电子工业出版社.

ALAHI A, ORTIZ R, 2012. FREAK: Fast Retina Keypoint//Proceedings of the 2012 IEEE Conference on Computer Vision and Pattern Recognition. Piscataway: IEEE Press: 510-517.

BAY H, TUYTELAARS T, VAN GOOL L, 2006. SURF: Speeded up robust features. In European Conference on Computer Vision, Springer, Berlin, Heidelberg: 404-417.

BAY H, ESS A, TUYTELAARS T, 2008. Speeded-up robust features. Computer Vision and Image Understanding, 110(3): 346-359

BROWN M, LOWE D G, 2005. Unsupervised 3D object recognition and reconstruction in unordered datasets//International Conference on 3-d Digital Imaging & Modeling, IEEE,5: 56-63.

CALONDER M, LEPETTT V. 2010. BRIEF Binary Robust Independent Elementary features//Proceedings of the 11th European Conference on Computer Vision. Berlin: Springer: 778-792.

FRAHM J M, FITE-GEORGEL P, GALLUP D, et al., 2010. Building Rome on a cloudless day. In European Conference on Computer Vision, Springer, Berlin, Heidelberg: 368-381.

HARRIS C J, 1988. A combined corner and edge detector. Proc Alvey Vision Conf(3): 147-151.

KE Y, SUKTHANKAR R, 2004. PCA-SIFT: A more distinctive representation for local image descriptors. IEEE Conference on Computer Vision and Pattern Recognition, 4: 506-513.

LOURAKIS M I A, ARGYROS A A, 2009. SBA: A software package for generic sparse bundle adjustment. Acm Transactions on Mathematical Software, 36(1): 2.

LOWE D G, 2004. Distinctive image features from scale invariant key points. International Journal of Computer Vision, 60(2): 91-110.

LUHMANN T, FRASER C, MAAS H G, 2016. Sensor modelling and camera calibration for close-range photogrammetry. ISPRS Journal of Photogrammetry & Remote Sensing, 115: 37-46.

MORAVEC H P, 1977. Toward Automatic Visual Obstacle Avoidance//Proceedings of the 5th International Joint Conference on Artificial Intelligence, Cambridge: 584-586.

MORÉ J J, 1978. The Levenberg-Marquardt algorithm: Implementation and theory. Lecture Notes in Mathematics, 630: 105-116.

MOREL J M, YU G, 2009. ASIFT: A new framework for fully affine invariant image comparison. SIAM Journal on Imaging Sciences, 2(2): 438-469.

RUBLEE E, RABAUD V, 2011. ORB: An Efficient Alternative to SIFT or SURF//Proceedings of the IEEE International Conference on Computer Vision. Piscataway: IEEE Press: 2564-2571.

SCHÖNBERGER J L, FRAHM J M, 2016a. Structure-from-Motion Revisited. Computer Vision and Pattern Recognition. IEEE: 4014-4113.

SCHÖNBERGER J L, ZHENG E, FRAHM J M, et al., 2016b. Pixelwise View Selection for Unstructured Multi-View Stereo. Computer Vision – ECCV 2016. Springer International Publishing.

SHAH R, DESHPANDE A, NARAYANAN P J, 2015. Multistage SFM: A Coarse-to-Fine Approach for 3D Reconstruction. arXiv preprint arXiv: 1512.06235.

SMITH S M, BRADY J M, 1997. SUSAN: A new approach to low level image processing. International Journal of Computer Vision, 23(1): 45-78.

SNAVELY N, SEITZ S M, SZELISKI R, 2006. Photo tourism: Exploring Photo Collections in 3D. ACM Trans. Graph, 25: 835-846.

SZELISKI R, 2010. Computer Vision: Algorithms and Applications. New York: Springer-Verlag Inc.

WU C, 2013.Towards Linear-Time Incremental Structure from Motion// International Conference on 3dtv-Conference. IEEE: 127-134.

WU C, AGARWAL S, CURLESS B, et al., 2011. Multicore Bundle Adjustment// Computer Vision and Pattern Recognition. IEEE: 3057-3064.

YAN K, SUKTHANKAR R, 2004. PCA-SIFT: A more distinctive representation for local image descriptors. IEEE Computer Society Conference on Computer Vision and Pattern Recognition, 2: 506-513.

ZHAO R, FAN J, 2016. Global complexity bound of the Levenberg-Marquardt method. Optimization Methods & Software: 1-10.

第  章

众源影像密集匹配

　　作为智慧城市的基本地理框架,数字城市近些年已经得到了比较大的发展。数字城市可以将城市中位于不同地理位置的实体或者某些现象统一到一致的时空参考体系下,其中城市的三维空间模型是数字城市的一个重要表现形式。目前获得真实场景三维空间模型的方式可以分为三种:野外测量技术生成,利用激光扫描仪对真实场景进行扫描生成,利用不同角度获得的真实场景的影像进行模型恢复。目前大多数城市三维模型的建立都是采用人工操作的方式。通过这种方式获得的三维模型几何精度较高,但是这类方法需要的操作时间周期长,对操作人员的熟练程度要求比较高,费时费力。利用图像进行快速的场景三维信息获取是有效解决这一问题的方法之一。本章将介绍利用多视众源影像重建密集三维点云的密集匹配方法,重点介绍匹配测度、核线立体影像匹配和多视影像匹配等。

4.1 密集匹配概述

相较于传统的建模方式,基于图像的三维建模可以快速地获得大范围场景的真实三维模型,同时耗费的人力物力较少。不仅可以利用专业相机拍摄的航空影像来进行三维场景建模,还可以利用单反相机、甚至手机等移动设备拍摄的相片来对场景的三维形状进行恢复。目前三维建模的应用已相当广泛。除了数字城市外,三维建模还应用于机器人导航、文化遗产保护和娱乐产业等诸多领域。

在基于多视角影像的三维重建中,图像匹配一直是其核心环节,影像匹配的实质是在不同影像中确定同名点的对应关系,同名点即同一个三维点在不同影像上的投影点。在三维重建的过程中,影像匹配的好坏直接决定了最终的重建效果,特别是对于从多种途径获取的无序影像,由于几何变形、尺度跨度大、局部特征相似以及物体之间的相互遮挡等因素,利用这些影像进行三维重建是一件很有挑战性的工作,影像匹配的效果直接决定着最终三维模型的恢复程度。因此一种有效的、鲁棒的影像匹配算法对于场景的三维重建是至关重要的。图像匹配大致可以分为两种:稀疏匹配和密集匹配。

对于稀疏匹配,首先需要在每张影像上提取兴趣点,然后选取恰当的描述算子对特征进行描述,最后根据兴趣点间的相似性进行匹配,这些匹配好的兴趣点的结果可以用来估计相机参数,同时也可以反映场景的三维结构。最小二乘是一种经典的基于灰度的稀疏匹配算法,通过充分利用邻域信息进行平差解算,可以达到亚像素精度的匹配结果(Gruen, 1985)。这类方法匹配效果往往受到匹配测度和匹配窗口的大小等因素影响。在纹理比较丰富的区域,匹配效果较好;在纹理信息不丰富或者信噪比小的区域则匹配效果不理想。基于特征的匹配具有更强的鲁棒性。Lowe(1999)提出的 SIFT 是计算机视觉领域中非常著名的特征算子。它是一种基于尺度空间的,对图像缩放、旋转甚至仿射变换保持不变性的图像局部特征描述算子。该算子抗噪声且鲁棒性强。

密集匹配是通过确定参考影像中每一个像素在目标影像中同名点的方式来恢复场景或物体的三维信息。密集匹配的结果通常以视差图、深度图或密集的三维点的形式进行表达,如图 4-1 所示。密集匹配可以获得海量的三维点云,所以对于三维场景的表达会更加的详尽。密集匹配可大致分为两类:一类是双目立体匹配(binocular stereo)(Scharstein et al., 2002),另外一类为多视密集匹配(multi-view stereo)。前者是利用一对经过核线纠正的立体影像生成视差图,然后通过三维变换获得场景的三维信息;后者是利用不同视角拍摄的多张影像直接获取场景的三维信息。

密集匹配的核心问题是确定同名点,即寻找同一物方点在不同影像上的投影点。如何评价不同影像中点的相似性是相关研究关注的重点。由于影像的拍摄设备不同,光照条件不相同,所以同名点在不同影像上表现出的颜色或者灰度不尽相同,除此之外,影像中的噪声和场景中物体间的遮挡也会对同名点的确定带来很大的困难。使用邻域的相关信息对点进行约束是常见的一种方法(Hosni et al., 2013a),正确、可靠地确定匹配点相关

（a）视差图

（b）点云

（c）深度图

图 4-1　密集匹配结果的表达形式

邻域就是密集匹配的关键技术之一，即以待匹配点为中心的窗口的选择。不恰当的窗口会无法发挥作用或者导致物体边缘的模糊效应。物方点在不同影像上可见性的确定也是密集匹配的挑战之一。在自然场景中存在着大量遮挡现象，这就导致在某些影像中不存在特定物方点的投影点，进而也就不存在所谓的同名点，所以要确定物方点在不同影像中的可见性，否则会造成大量的误匹配，影响最终的三维信息的获取与使用（Joo et al., 2014）。

本章接下来将重点介绍以下几个方面：用来评价不同影像中点的相似性的匹配测度，对常见的、主流的匹配测度计算方式做一个详实的介绍；与双目立体匹配相关的理论，匹配的基本原理与大致流程并对相关算法进行描述；多视密集匹配的发展、相关技术以及典型算法。

4.2 匹 配 测 度

匹配测度是用来计算不同影像中像点的相似性。由于摄影视角、光线、摄影设备以及物体材质的不同，同一三维场景所拍摄的影像会出现明显的色彩偏差、较大的分辨率差异以及旋转等情况，这给影像间像素点相似性的计算带来了很大的困难和挑战。针对特征点的匹配目前已有很多成熟的具有光照、旋转等不变性的描述算子出现，这些方法被大量地用在运动恢复结构（structure-from-motion）方法中，以获得精确的相机参数以及相机姿态（Wu, 2013）。密集匹配在计算像点的相似性时可以借助平滑等先验知识以达到更好的效果。本节将介绍常用的密集匹配测度。

4.2.1 传统基于像素灰度的匹配测度

传统的匹配测度大都是以待计算像点为中心。这种策略能够在很大程度上避免由于影像中存在噪声带来的影响。对于给定的两张影像，匹配测度的表达形式如下：

$$C_{ij}(\boldsymbol{x}_i, \boldsymbol{x}_j) = f\left\{ I_i\left(N(\boldsymbol{x}_i) \right), I_j\left(N(\boldsymbol{x}_j) \right) \right\} \tag{4-1}$$

其中：C_{ij} 为在 I_i 和 I_j 影像中像点 $\boldsymbol{x}_i$ 与 $\boldsymbol{x}_j$ 的相似性；N 为以像素为中心的某一特定大小的窗口。这里将介绍三种常用的基于像素灰度计算匹配测度的方法。

1. 差平方和

差平方和（sum of squared differences，SSD）是用灰度或者彩色空间向量的差的 L_2 范数来计算两个像点的差异性。在实际的计算过程中通常对两个窗口内的对应像素依次进行计算，然后求取平均值或者加权平均值，如式（4-2）所示，为单个像素的计算方式。其中，$I_i(\boldsymbol{x}_i)$ 为给定点的灰度值或者彩色空间向量。

$$f(\boldsymbol{x}_i, \boldsymbol{x}_j) = \left\| I_i(\boldsymbol{x}_i) - I_j(\boldsymbol{x}_j) \right\|^2 \tag{4-2}$$

2．差绝对值和

差绝对值和（sum of absolute differences，SAD）是用灰度或者彩色空间向量差的 L_1 范数来计算两个像点的差异性。差绝对值和与差平方和通常采用类似的计算方式，这里也是以单个像素点的计算为例，如下：

$$f(\boldsymbol{x}_i, \boldsymbol{x}_j) = \left\| I_i(\boldsymbol{x}_i) - I_j(\boldsymbol{x}_j) \right\| \tag{4-3}$$

在差绝对值和与差平方和的计算过程中通常将计算的数值进行指数归一化（Furukawa et al.，2015），如下：

$$f' = \exp\left(-\frac{f}{\sigma^2} \right) \tag{4-4}$$

由于简单的差绝对值和与差平方和对噪声比较敏感，通常不会单独使用，一般是同其他匹配测度配合使用（Hirschmuller et al.，2007）。

3．相关系数

相关系数（normalized cross correlation，NCC）是密集匹配中应用最为广泛的匹配测度（Joo et al.，2014；Furukawa et al.，2010）。由于该种测度更好地使用了待计算点邻域内的信息，对噪声、光照变化等情况更具有鲁棒性，对于存在较多噪声以及明显光照差异的众源影像，可以有效地提高匹配精度。相关系数的计算公式如下：

$$f(\boldsymbol{x}_i, \boldsymbol{x}_j) = \frac{\left[I_i(\boldsymbol{x}_i) - \overline{I_i} \right]\left[I_j(\boldsymbol{x}_j) - \overline{I_j} \right]}{\sqrt{\sum_{\boldsymbol{x}_i^m \in N} \left[I_i(\boldsymbol{x}_i^m) - \overline{I_i} \right]^2 \sum_{\boldsymbol{x}_j^m \in N} \left[I_j(\boldsymbol{x}_j^m) - \overline{I_j} \right]^2}} \tag{4-5}$$

其中：$\overline{I_i}$ 表示在窗口 N 内像素灰度的平均值。相关系数的取值范围为[-1,1]，因此在计算相关系数后需要对相关系数进行归一化，通常采取指数归一化的方式，或者简单的 $1-f$ 的计算方式。相关系数的计算通常采用灰度图像，或者分别对彩色空间中的三通道计算相关系数，然后再求其算数平均值。

相关系数能够较好地处理纹理缺乏区域的匹配问题，但是对于纹理重复区域会出现大量的匹配错误。

4.2.2 Census

Census 相似性测度是 Zabih 和 Woodfill 于 1994 年提出的一种局部非参数化的相似性测度。与像素灰度差绝对值和、灰度差平方和和相关系数等相似性测度一样，Census 也是一种基于影像灰度窗口计算的测度，但它不是直接利用两个匹配窗口的灰度值计算相似程度，而是首先根据窗口内像素与窗口中心像素的相对大小将窗口编码为一个比特字符串，然后计算左右两个窗口对应的比特字符串的汉明距离并将其作为相似度。Census 测度能够在一定程度上抵抗辐射差异，且能在高效的计算效率的前提下获得稳健的结果，因此是一种应用广泛的相似性测度。具体计算过程如下。

（1）对窗口内像素进行编码。对于一个局部窗口（如大小为 7×7 的窗口），其中心像素点 $\boldsymbol{p}$ 的灰度为 $I(\boldsymbol{p})$，$N(\boldsymbol{p})$ 表示局部窗口内所有像素的集合，$\boldsymbol{p}' \in N(\boldsymbol{p})$ 为窗口内某一个像素，按如下公式进行编码。

$$\begin{cases} C(\boldsymbol{p}, \boldsymbol{p}') = \otimes_{\boldsymbol{p}' \in N(\boldsymbol{p})}\, \xi\big(I(\boldsymbol{p}), I(\boldsymbol{p}')\big) \\ \xi\big[I(\boldsymbol{p}), I(\boldsymbol{p}')\big] = \begin{cases} 1; \text{if } I(\boldsymbol{p}) < I(\boldsymbol{p}') \\ 0; \text{if } I(\boldsymbol{p}) \geq I(\boldsymbol{p}') \end{cases} \end{cases} \tag{4-6}$$

式中：$\otimes$ 为字符串的连接；$\xi(I(\boldsymbol{p}), I(\boldsymbol{p}'))$ 为像素灰度值比较函数，即当像素 $\boldsymbol{p}'$ 的灰度 $I(\boldsymbol{p}')$ 小于中心像素 $\boldsymbol{p}$ 的灰度 $I(\boldsymbol{p})$ 时，取值为 1，否则取值为 0。通过编码，得到一个由 0 和 1 组成的比特字符串。

（2）计算汉明距离。对两个比特字符串进行异或运算，当对应两个编码值不相同，则异或结果为 1，否则异或结果为 0，统计结果为 1 的个数，那么这个数就是汉明距离，其计算公式为

$$\text{Dist}_{\text{Hamming}}(C_i, C_j) = \sum_{m=1}^{n} C_{im} \oplus C_{jm} \tag{4-7}$$

式中：$\oplus$ 为异或操作符号。相同的编码值越多时，匹配相似性越大，此时汉明距离越小。

如图 4-2 所示，为计算两个大小为 5×3 的灰度窗口的 Census 测度值的示例。

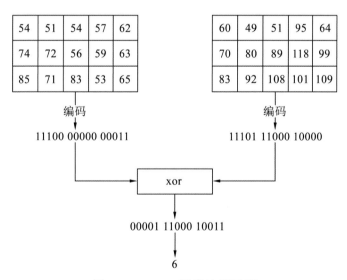

图 4-2　Census 测度计算示例

4.2.3　互信息

互信息（mutual information）是信息论里一种常用的信息度量，它可以看成是一个随机变量中包含的关于另一个随机变量的信息度。它可以表示信息之间的关系，是两个随机变量统计相关性的测度。Wells 等（1996）最早将互信息引入到计算机视觉领域；Chrastek（1998）首次将其作为立体匹配的相似性测度，但是得到令人失望的匹配结果；Kim 等

（2003）将基于像素的互信息用于全局图割（graph cuts）的立体匹配算法中，提出了利用初始视差在整张影像范围内迭代计算互信息的方法；基于此，Hirschmüller（2008）提出使用基于金字塔影像的多层计算逐像素互信息的方法，并将其作为半全局匹配算法的相似性测度，得到比较理想的匹配结果。

对于两幅影像 I_1 和 I_2，其互信息的定义为两张影像各自的信息熵之和与联合信息熵之差：

$$\mathrm{MI}_{I_1,I_2} = H_{I_1} + H_{I_2} - H_{I_1,I_2} \tag{4-8}$$

其中：H_{I_1} 和 H_{I_2} 分别为影像 I_1 和 I_2 的信息熵；H_{I_1,I_2} 为它们的联合信息熵。影像的信息熵是根据其灰度值的概率分布函数 P 计算得到，两张影像的联合信息熵则是根据它们的灰度值的联合概率分布函数计算。

$$\begin{cases} H_I = -\int_0^1 P_I(i) \log P_I(i) \, \mathrm{d}_i \\ H_{I_1,I_2} = -\int_0^1 \int_0^1 P_{I_1,I_2}(i_1,i_2) \log P_{I_1,I_2}(i_1,i_2) \, \mathrm{d}_{i_1} \mathrm{d}_{i_2} \end{cases} \tag{4-9}$$

对于数字影像，其灰度值的概率分布函数即是其灰度直方图，因此可以通过统计两张影像的灰度直方图和联合灰度直方图来计算它们的互信息。当两张影像配准较好时，它们之间的联合信息熵较小，此时可根据影像间的配准关系预测它们之间的同名信息，根据式（4-8）可知它们之间的互信息较大。对于两视核线影像的匹配问题，影像间的配准关系即影像的视差图，因此基于互信息的匹配问题的实质为寻找基准影像的视差图，进一步根据视差图实现卷积后基准影像与待匹配影像的最佳套合。

式（4-9）是用于计算整张影像的互信息，这就无法用于影像匹配的相似性测度。为了将互信息用于影像匹配计算相似性，Kim 等（2003）使用泰勒展开将影像联合信息熵的计算转化为所有像素的联合信息熵的和，因此影像联合熵的计算可通过每一个像素 $\boldsymbol{p}$ 所对应的同名像点的联合信息熵之和实现，即

$$\mathrm{HI}_{I_1,I_2} = \sum_{\boldsymbol{p}} h_{I_1,I_2}(I_{1\boldsymbol{p}}, I_{2\boldsymbol{p}}) \tag{4-10}$$

任一同名像点（在两张影像上的灰度值分别为 m 和 n）的联合信息熵可根据两张影像所有同名像点的联合概率分布函数 P_{I_1,I_2} 计算得到，如下：

$$h_{I_1,I_2}(m,n) = -\log \left[P_{I_1,I_2}(m,n) \otimes g(m,n) \right] \otimes g(m,n) \tag{4-11}$$

式中：$g(m,n)$ 为高斯卷积核，用于有效地执行 Parzen 窗估计（Kim et al., 2003）。

考虑到影像匹配中的基准影像和匹配影像存在非重叠区和遮挡区，为了避免这些区域的像素对互信息的计算产生影响，在统计影像概率分布时，应该排除这些区域的像素，因此计算影像的信息熵不能使用整幅影像灰度值的概率分布函数，而应使用联合概率分布函数的边缘函数。即

$$\begin{cases} P_{I_1}(m) = \sum_k P_{I_1,I_2}(m,n) \\ P_{I_2}(n) = \sum_k P_{I_1,I_2}(m,n) \end{cases} \tag{4-12}$$

根据式（4-12）得到的影像灰度的概率分布函数，可以按下式计算同名像点在基准影像和匹配影像上的信息熵。

$$\begin{cases} h_{I_1}(m) = -\log\left[P_{I_1}(m) \otimes g(m)\right] \otimes g(m) \\ h_{I_2}(n) = -\log\left[P_{I_2}(n) \otimes g(n)\right] \otimes g(n) \end{cases} \quad (4\text{-}13)$$

因此，互信息计算公式为

$$\begin{cases} \mathrm{MI}_{I_1,I_2} = \sum_{p} \mathrm{mi}_{I_1,I_2}(I_{1p}, I_{2p}) \\ \mathrm{mi}_{I_1,I_2}(m,n) = h_{I_1}(m) + h_{I_1}(n) + h_{I_1,I_2}(m,n) \end{cases} \quad (4\text{-}14)$$

根据式（4-14）可计算出两张影像的互信息查找表，具体计算过程如下。

（1）统计两张影像灰度的联合概率密度直方图。如图 4-3 所示。

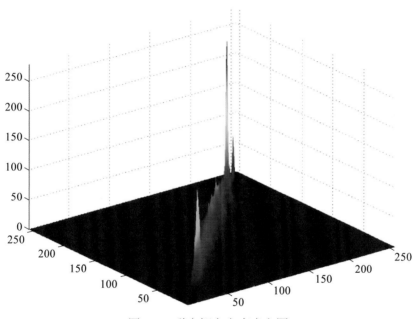

图 4-3　联合概率密度直方图

（2）生成基准影像的概率密度直方图 P_{I_1}，其中每一个单元的值是联合概率密度直方图 P_{I_1,I_2} 中每一列元素的总和。

（3）生成匹配影像的概率密度直方图 P_{I_2}，其中每一个单元的值是联合概率密度直方图 P_{I_1,I_2} 中每一行元素的总和。

（4）计算信息熵。按照式（4-11）和式（4-13）分别计算联合概率密度直方图 P_{I_1,I_2}、概率密度直方图 P_{I_1} 和 P_{I_2} 计算影像的联合信息熵和信息熵。

（5）建立互信息对照表 MI_{I_1,I_2}，对照表的横轴为 0～255，对应于基准影像 I_1 的灰度值范围，相应的纵轴为 0～255，对应于待匹配影像 I_2 的灰度值范围，如图 4-4 所示。可按照式（4.14）计算互信息对照表 MI_{I_1,I_2} 中每一个单元的值，最后将互信息对照表的值进行线性拉伸，映射至设置的取值区间。

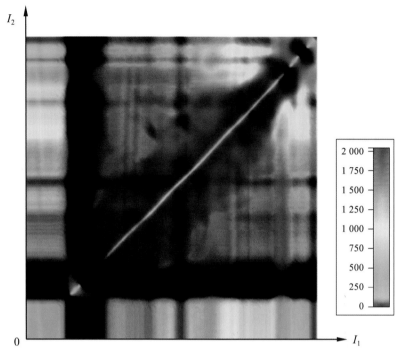

图 4-4　互信息查找表晕渲图

相对于经典的相关系数来说，使用互信息作为相似性测度具有以下优点。

（1）互信息的计算过程中使用了灰度值的统计直方图，因而具有一定的抗噪特性。根据两张待匹配影像和先验的视差图像，可以计算出一个互信息的灰度对照表。这样对于两张影像上的任意一对像素，通过查表就可以得到相应的互信息测度，因此计算简单快捷，而且可以满足逐像素匹配的要求。

（2）互信息可以逐点对应，不像相关系数需要一个模版窗口。在匹配预处理中，如果需要根据先验的视差信息消除待匹配影像间的几何变形，那么模版窗口就意味着影像重采样，这将是一个很大的计算负担。

4.3　双目影像立体匹配

双目影像立体匹配是利用一个经过核线纠正的立体像对，通过逐点匹配获得基准影像中每个点的视差，构成视差图，然后通过已知的相机参数恢复三维场景的三维信息。双目立体匹配技术是根据人眼识别立体的基本原理发展而来的。双目立体匹配一直是摄影测量和计算机视觉中被广泛关注的基本问题之一（Heise et al., 2013；Bleyer et al., 2011；Sun et al., 2011），随着人工智能、增强现实以及虚拟现实技术的发展，双目立体视觉必将是各领域研究的重点。本节首先对双目影像立体匹配涉及的核线几何做一个简单的介绍，接下来针对局部立体匹配、全局立体匹配以及半全局立体匹配做一个详细的介绍。

4.3.1　核线几何

核线几何是用来描述在同一个场景下，不同视角影像上对应像点的几何对应关系。如图 4-5 所示，两个视角的影像可以是用立体相机等设备同时获得的两幅影像，也可以是单个相机在不同位置拍摄获得的。在大多数情况下，三维场景中的点应该分别投影在两张影像上，但是有时会出现遮挡情况，即在一张影像上某一个三维点是可见的，而在另一张影像上由于相机的位置不同，此三维点不可见。

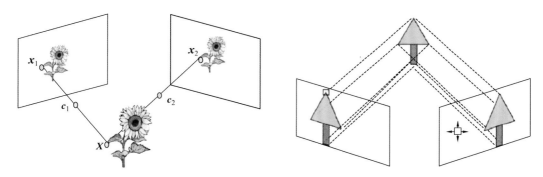

图 4-5　同一个物体在两个不同的影像上成像

在非遮挡区域，一个三维点 $X=(X,Y,Z)^{\mathrm{T}}$ 会分别投影在左右两张影像上，生成像点 $x_1=(x_1,y_1)^{\mathrm{T}}$ 与像点 $x_2=(x_2,y_2)^{\mathrm{T}}$，如图 4-5 所示。像点 x_1 与 x_2 称为对应点，也可以称为同名点。通过同名点，可以获得三维场景的三维坐标。寻找同名点是三维重建过程中最重要的步骤之一。

每一个视角的影像都会对应一个 3×4 的相机投影矩阵 P，这个矩阵可以用来表示三维世界到二维图像的投影过程，这里用 P_1 与 P_2 分别代表左右影像的投影矩阵，则左影像和右影像的投影过程可以用公式（4-15）来表示。

$$\begin{cases} x_1^h = P_1 X^h \\ x_2^h = P_2 X^h \end{cases} \tag{4-15}$$

从几何的角度考虑，左影像上像点 x_1 坐标可以由左影像投影中心 C 与三维点 X 所形成的光线确定。光线与像平面的交点就是像点 x_1 的位置。同样，连接右影像投影中心 C' 与三维点 X 的光线与右像平面交点可以确定像点 x_2 的坐标。核线几何可以用来描述像点坐标 x_1 与 x_2 之间的关系。

在核线几何中，有一个基本的假设，就是对应点即同名点必须在该点对应的同名核线上。这条核线可以利用相机的校正参数来进行计算。在寻找一个点在另外一张影像上的对应点的时候，若已知该点对应的核线，只需要沿核线的方向进行搜索，就能找到该点在另一张影像上的同名点。

由一个三维点 X 与两张不同视角影像的投影中心 C 与 C' 所确定的平面，称为核面，如图 4-6（a）中的 π。对于三维点 X 在两张影像上的投影点 x_1 与 x_2，由于它们位于各

自

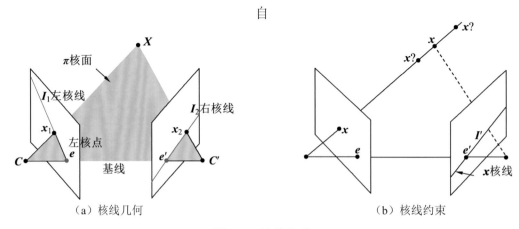

（a）核线几何　　　　　　　　　　　（b）核线约束

图 4-6　核线关系

投影中心与三维点 $\boldsymbol{X}$ 的连接光线上，这两个点也位于核面上。核线 $\boldsymbol{l}_1$ 与 $\boldsymbol{l}_2$ 是核面分别与两个不同视角影像的交线。连接两张像片投影中心 $\boldsymbol{C}$ 与 $\boldsymbol{C}'$ 的直线 $\boldsymbol{CC}'$ 称为基线。基线与两张影像的交点称为核点。在三维重建的过程中，左核点 $\boldsymbol{e}$ 是右影像投影中心 $\boldsymbol{C}'$ 在左影像上的投影。同样，右核点 $\boldsymbol{e}'$ 是左影像投影中心 $\boldsymbol{C}$ 在右影像上的投影。

　　一个核面可以由两个影像的投影中心和其中一张影像上的一个像点所完全确定。因此，对于右影像一个像点坐标 $\boldsymbol{x}_2$ 时，在右影像上该点所对应的核线方程 $\boldsymbol{l}_2 = \boldsymbol{e}' \times \boldsymbol{x}_2$。左影像上的像点 $\boldsymbol{x}_1$ 在右影像的对应点 $\boldsymbol{x}_2$ 一定会位于核线 $\boldsymbol{l}_2$ 上。这种对应关系可以用矩阵的乘积来表示，式（4-16）明确地给出了这种表示。

$$\boldsymbol{l}_2 = [\boldsymbol{e}']_\times \boldsymbol{x}_2 \tag{4-16}$$

　　由于 $\boldsymbol{x}_1$ 和 $\boldsymbol{x}_2$ 是同一个三维点 $\boldsymbol{X}$ 分别在不同视角影像上的投影，从投影的角度来讲，这一对对应点是等价的。存在一个单应矩阵 $\boldsymbol{H}_\pi$，能够描述这一对对应点之间的关系，如下：

$$\boldsymbol{x}_2 = \boldsymbol{H}_\pi \boldsymbol{x}_1 \tag{4-17}$$

　　将式（4-17）带入式（4-16）可得

$$\boldsymbol{l}_2 = [\boldsymbol{e}']_\times \boldsymbol{H}_\pi \boldsymbol{x}_1 = \boldsymbol{F} \boldsymbol{x}_1 \tag{4-18}$$

其中：$\boldsymbol{F} = [\boldsymbol{e}']_\times \boldsymbol{H}_\pi$ 被称之为基础矩阵。基础矩阵是一个 3×3 的矩阵。用来表示一张影像的二维投影面与另外一张影像上的核线之间的关系。由于右影像上的像点 $\boldsymbol{x}_2$ 必须位于右核线 $\boldsymbol{l}_2$ 上，$\boldsymbol{x}_2^{\mathrm{T}} \boldsymbol{l}_2 = 0$，将式（4-16）代入，可得

$$\boldsymbol{x}_2^{\mathrm{T}} \boldsymbol{F} \boldsymbol{x}_1 = 0 \tag{4-19}$$

　　由于基础矩阵是将第一个平面二维空间中的点齐次映射到第二张影像上具有共同交点（核点）的核线束上，基础矩阵的秩必须为 2。基础矩阵是齐次变换矩阵，它有 8 个参数需要确定，由于 $\mathrm{Rank}(\boldsymbol{F}) = 2$，基础矩阵 $\boldsymbol{F}$ 的行列式值必须为 0，即 $\det(\boldsymbol{F}) = 0$，所以基

础矩阵只有 7 个自由度。每一对不同视角影像上的对应点，根据式（4-19）可以对基础矩阵提供一个线性约束。因此，在一般情况下，使用 7 对图像上的对应点可以非线性地确定基础矩阵，8 对以上的点可以线性求解基础矩阵。当只有两张没有经过纠正的影像时，可以在没有三维控制点的情况下利用这些公式完成不同投影系统的相互转换，对于三维重建，这具有很大的意义。因此，对于任何三维场景，只要获得不同视角拍摄的两张或多张影像，就可以恢复这些影像之间的投影关系。通过不同影像上像点的对应关系，可以计算出基础矩阵。

在立体匹配中，立体像对往往需要利用相机参数进行核线纠正。这个操作能够保证某一像点对应的核线保持水平并与该点具有相同的 y 值。这样可以大大地降低计算的复杂度。图 4-7 给出了一个立体像对，以及纠正后的影像。如图所示，经过纠正后，左影像上的点 x_1 对应的核线 I_2 与该点具有相同的水平坐标值。但是这同样也带来了一些问题，最大的问题就是在进行核线重采样时会损失部分像素的精度。

（a）原始左影像　　　（b）原始右影像　　　（c）核线纠正后左影像　　（d）核线纠正后右影像

图 4-7　原始影像以及纠正后的核线影像

4.3.2　局部密集匹配

根据 Scharstein 和 Szeliski（2002）的总结，双目立体匹配可以大致分为四个步骤：

（1）匹配代价的计算；

（2）匹配代价累积；

（3）视差图的计算；

（4）视差图的优化。

匹配代价的计算即匹配测度的计算，在 4.2 节中已经对常用的匹配代价函数计算做了详细的介绍。在立体匹配中，对于影像中的一个像素 p，其左影像坐标为 (p_x, p_y)，当视差值为 d 时，可得到其在右影像上的同名像点 q 的坐标为 $(p_x - d, p_y)$，可利用 4.2 节中所述的相似性测度计算匹配代价 $C(p, d)$。那么在已知视差搜索范围的条件下，可计算影像任一像素在所有视差取值情况下的匹配代价，这里称为代价柱体，从而建立了一个视差空间中的匹配代价立方体，该立方体的 XY 平面为影像平面，Z 坐标为视差值。假设影像宽度为 W，高度为 H，视差范围为 D，则代价立方体大小为 $W \times H \times D$。图 4-8 为构建代价立方体的过程示意图。双目立体匹配的目的便是获得每一个像素的最优视差构成如图 4-9 所示的视差曲面。

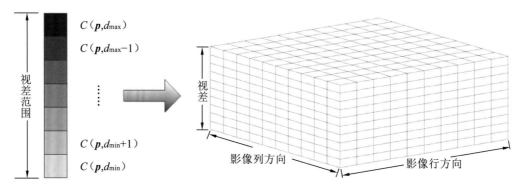

图 4-8　代价立方体构建示意图

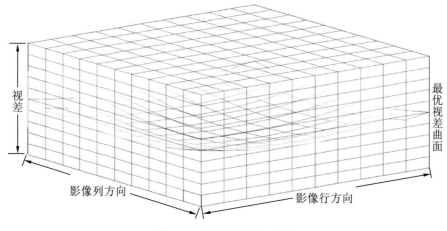

图 4-9　视差曲面示意图

目前，匹配代价的计算大都采用多种匹配测度相结合的方式。颜色空间的差绝对值和与梯度空间的差绝对值和是最常用的一种匹配代价计算函数（Hosni et al., 2013a，2013b; Sun et al., 2011），如下：

$$C(x,y,d) = (1-\alpha) \times \min\left(\left\|I_i(x,y) - I_j(x-d,y)\right\|, \tau_{\mathrm{col}}\right)$$
$$+ \alpha \times \min\left(\left\|\nabla I_i(x,y) - \nabla I_j(x-d,y)\right\|, \tau_{\mathrm{grad}}\right) \tag{4-20}$$

其中：α 为权重系数，用来平衡色彩空间与梯度空间在代价计算时所占的比例；$I_i(x,y)$ 为点 (x,y) 在影像 I_i 上的色彩向量或灰度值；$\nabla I_i(x,y)$ 为点 (x,y) 在影像 I_i 对应的梯度向量；τ_{col} 与 τ_{grad} 是截断阈值，用来防止噪声以及比较大的误差。对于利用相同传感器设备获取的众源影像，该匹配代价计算方法具有一定的作用；但是若影像成像条件差别较大，则需引入更多的基于纹理信息的计算方法，例如 Census 等。同时，随着深度学习的发展，有很多学者提出利用卷积神经元网络等方法计算立体匹配中的匹配代价（Luo et al., 2016; Zbontar et al., 2015; Chen et al., 2015）。这类算法针对大量非专业相机拍摄的影像，但是需要大量的训练数据进行学习。

匹配代价的聚合一直是双目立体匹配中研究的热点。匹配代价的聚合是利用以待匹配点为中心的邻域窗口的信息来增强匹配代价的鲁棒性，以防止噪声等因素对匹配结果造成较大的误差。最初的聚合策略是对矩形的邻域窗口求取简单的平均值作为中心点聚合后的代价（Scharstein et al., 2002），如下：

$$C(\boldsymbol{p},d) = \frac{1}{N}\sum_{\boldsymbol{q}\in\Omega}C(\boldsymbol{q},d) \tag{4-21}$$

其中：$\boldsymbol{q}$ 为 $\boldsymbol{p}$ 邻域 Ω 中的一点；N 为邻域 Ω 中的像素点的个数。这种计算方式是基于经典的立体匹配算法中的一个基本假设：空间中同一水平面上的点在影像上的像点的视差相同，因此这种计算方式认为矩形窗口内的像点对应的视差值应该是一致的。然而在很多情况下，这种前提并不满足，如图 4-10 所示，对于场景中某些明显的边缘，两边的视差是明显不同的。

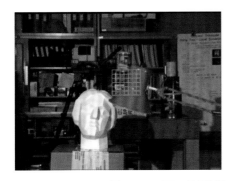

图 4-10　同一矩形窗口内视差的示意图

若按照式（4-21）的计算方式，会导致视差图物体边缘出现模糊的现象。针对这一现象，研究学者做了大量的工作。Zhang 等（2009）提出使用垂直交叉窗口取代以矩形窗口为邻域的计算方式，这种方法可以获得更加接近场景中物体表面在影像中投影面的邻域范围，该邻域内大部分点的视差都是相同的。一些方法在这种计算方式上做了一些改进，也获得了比较好的结果（Stentoumis et al., 2013）。Yoon 等（2006）提出了基于自适应权重的方法，在同一个矩形窗口中，根据与待匹配点的关系确定不同的权重，确保同一个平面的像点具有较高的权重，然后求取加权平均值，如下：

$$C(\boldsymbol{p},d) = \frac{1}{N}\sum_{\boldsymbol{q}\in\Omega}w(\boldsymbol{p},\boldsymbol{q})\times C(\boldsymbol{q},d) \tag{4-22}$$

其中：$w(\boldsymbol{p},\boldsymbol{q})$ 为窗口内 $\boldsymbol{q}$ 点相对于中心点 $\boldsymbol{p}$ 的权重。Yoon 等（2006）提出采用双边滤波（bilateral filter）的权重确定方式来计算，如下：

$$w(\boldsymbol{p},d) = \exp\left\{-\left[\frac{\text{Col}(\boldsymbol{p},\boldsymbol{q})}{\sigma_c^2}+\frac{\text{Dist}(\boldsymbol{p},\boldsymbol{q})}{\sigma_d^2}\right]\right\}$$

$$\text{Col}(\boldsymbol{p},\boldsymbol{q}) = \sum_{i=1}^{3}\left|I^i(\boldsymbol{p})-I^i(\boldsymbol{q})\right| \tag{4-23}$$

$$\text{Dist}(\boldsymbol{p},\boldsymbol{q}) = \sqrt{(p_x-q_x)^2+(p_y-q_y)^2}$$

其中：$\mathrm{Col}(\boldsymbol{p},\boldsymbol{q})$ 为两个点在颜色空间的差异性；$\mathrm{Dist}(\boldsymbol{p},\boldsymbol{q})$ 为两个点在图像空间的几何距离。由于双边滤波是一种具有保存边缘的特性，利用该种方法计算出的视差图能够很好地保存物体边缘不被模糊，图 4-11 给出了由 Yoon 等（2006）提出方法的结果与利用式（4-21）计算获得的结果，可以看到对于视差不连续区域，即物体的边缘，自适应权重的方法可以获得更好的结果。因此对于局部立体匹配来讲，对匹配代价进行聚合等同于对代价空间进行二维的滤波。

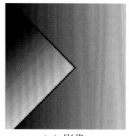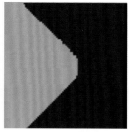

（a）影像　　　（b）标准结果　　（c）利用 SAD 计算结果（d）利用双边权重计算的结果

图 4-11　自适应权重方法的结果（Yoon et al., 2006）

双边滤波计算复杂度会随着窗口尺寸的变大而大量的增加，并不能应用在大场景影像以及实施应用当中。由 Yang 等（2009）提出的双边滤波的改进算法实现了计算复杂度对于窗口大小的不变性，能够比较好解决双边滤波的计算量的问题。Hosni 等（2013b）通过引入引导性滤波（guided image filter）在保存了视差图边缘的基础上利用 GPU 加速实现了实时立体匹配。该算法通过构造滤波结果与引导影像（guided image）之间的局部线性模型，在降低计算复杂度的同时提高了匹配精度，具体权重的计算公式如下：

$$w(\boldsymbol{p},\boldsymbol{q}) = \frac{1}{N^2} \sum \left\{ 1 + \left[I(\boldsymbol{p}) - \mu_{\Omega} \right]^{\mathrm{T}} \left(\Sigma_{\Omega} + \varepsilon \boldsymbol{U} \right)^{-1} \left[I(\boldsymbol{q}) - \mu_{\Omega} \right] \right\} \tag{4-24}$$

其中：Σ_{Ω} 和 μ_{Ω} 分别为以待匹配点 $\boldsymbol{p}$ 为中心的矩形窗口的协方差矩阵以及均值向量，这里的影像为三通道的彩色影像；$\boldsymbol{U}$ 为一个 3×3 的单位矩阵；ε 为平滑系数。算法结果如图 4-12 所示。

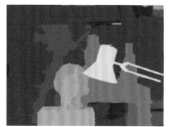

（a）左影像　　　　　　（b）标准视差图　　　　　　（c）算法结果

图 4-12　基于引导性滤波的立体匹配结果（Hosni et al., 2013b）

很多研究学者提出了其他的基于自适应权重聚合算法的立体匹配算法。基于图像分割算法的权重确定方式也是备受关注的一类方法,通过对图像进行过分割,将同一分割块内点的权重设大同样可以获得较好的匹配结果（Damjanović et al., 2012; Tombari et al., 2007）。另一类算法采用更加复杂的权重确定方式，Yang（2012）提出利用最小生成树的方法来进行匹配代价的聚合，该算法通过生成树中叶子节点与父节点的关系来进行代价聚合；Mei 等（2013）将该方法与影像分割相结合，提出一种基于分割树的匹配代价聚合方法，提高了立体匹配的精度。

近些年，有些研究学者提出空间中同一个平面所对应的像点视差相同的假设会导致恢复出的三维空间信息梯田效应比较明显（Bleyer et al., 2011）。Bleyer 最先提出用斜面取代视差空间的平面假设，即同一物方所对应的像点的视差应该位于一个斜面上，而不是简单的相等，可以用式（4-25）表示。

$$d_p = a_{f_p} p_x + b_{f_p} p_x + c_{f_p} \tag{4-25}$$

其中：a_{f_p}，b_{f_p}，c_{f_p} 为视差平面的三个参数，在进行代价聚合的时候，邻域内像素对应的视差也利用该公式进行计算，所以该类方法代价聚合可以利用下式计算：

$$C(\boldsymbol{p}, f_p) = \frac{1}{N} \sum_{q \in \Omega} w(\boldsymbol{p}, \boldsymbol{q}) \, C(q, a_{f_p} \boldsymbol{p}_x + b_{f_p} \boldsymbol{p}_x + c_{f_p}) \tag{4-26}$$

这种计算方式被大量的研究学者关注并得到了很好的发展（Besse et al., 2013; Heise et al., 2013）。

对于局部立体匹配算法，视差的挑选计算通常采用 WTA（win take all）的方法，如下：

$$d(p) = \underset{d \in D}{\operatorname{argmin}} \, C_{AD}(\boldsymbol{p}, d) \tag{4-27}$$

这里的 $C_{AD}(\boldsymbol{p}, d)$ 为匹配代价聚合后的结构，图 4-13 给出了更加直观的描述。

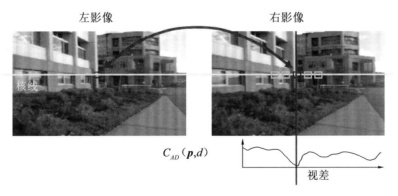

图 4-13　局部立体匹配算法视差选择原理示意图

视差精化是对计算出来的视差图进行遮挡、错误剔除与空洞修补。经过视差的计算，分别得到左右两张影像的初始视差图。初始视差图中会存在匹配错误的情况，同时真实场景中也会出现遮挡现象，所以首先要进行错误剔除与遮挡检测，这里通常采用交叉检测（cross-check）的方法进行操作，若不满足公式即认为该点是错误匹配点或者被遮挡点。

$$D_{m_l}(x, y) = D_{m_r}(x - D_{m_l}(x, y), y) \tag{4-28}$$

这里的 D_{m_l} 和 D_{m_r} 分别为左影像和右影像的视差图。在经过点的剔除之后，视差图上出现一些空洞，接下来需要对这些空洞进行修补，通常进行左右搜索，采用左右邻域内较小的视差作为该点的视差，这主要是基于前景会对后景产生遮挡的基本假设（Hosni et al.,2013b）。由于利用该类方法获得的视差大都是整数，对视差进行精细拟合获得亚像素的视差结果也是视差精细化的一个重要的步骤。

4.3.3　全局匹配

全局匹配的方法不采用独立匹配每个像素的方式，而是将匹配问题建模为一个能量最小化的问题，整体地解算所有像素的匹配结果。在匹配每个像素的同时引入邻域像素的约束，提高匹配的可靠性。图 4-14 给出了局部匹配与全局匹配的形象性区别，局部匹配方法只是利用待匹配点周围一定范围内的邻域信息，而全局匹配则会综合考虑整张影像中的所有像点信息，从全局的角度着手，提高匹配的可靠性，获得最优的视差图。

（a）局部匹配　　　　　　　　　　（b）全局匹配

图 4-14　局部立体匹配算法与全局立体匹配算法的对比示意图

一般而言，全局匹配需要构建一个如式（4-29）所示的能量方程。能量方程的设计一般需要反映对方程解所需要满足的属性，对于匹配问题而言，正确可靠的匹配结果需要满足以下两个属性。

（1）同名像点的相似性最高。理想情况下，每一对同名像点相似性越高，匹配结果越好。一般使用匹配代价来反映相似度，匹配代价是关于相似度的递减函数，相似度越高，匹配代价越小；最高的相似度对应于最小的匹配代价。

（2）邻域点的匹配结果相容性最高。实际情况下，由于受到重复纹理、弱纹理等因素的影响，每一对同名像点的相似性最高并不一定代表最优的匹配结果。如图 4-15 所示为地面上的网状线区域由于重复纹理造成的匹配多义性问题，对于左图上某个网状线的交叉点 A，其与对应右图上 A_1 点和 A_2 点的相似性都很高，A_1 与 A 为实际的同名像点，A_2 则为误匹配点，但是 A_2 与 A 的相似性可能高于 A_1 与 A 点的相似性。因此，对于重复纹理、弱纹理等匹配困难区域，单纯的根据像点的相似性确定同名像点是不可靠的。需要引入邻域像素的约束，以提高领域点匹配结果的相容性，从而获取正确可靠的匹配结果。一般，根据地表连续光滑的特性来设计邻域的相容性。

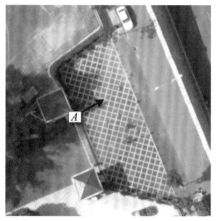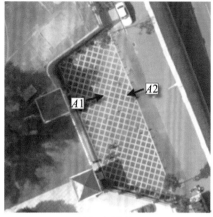

（a）左影像 （b）右影像

图 4-15 重复纹理造成的匹配多义性

根据正确可靠的匹配结果所具备的两个属性设计的匹配问题的能量函数包含数据项（data term）和光滑项（smoothness term），如下：

$$E = E_{\text{data}} + E_{\text{smooth}} \tag{4-29}$$

其中：第一项 E_{data} 为数据项，用于表示图像一致性（photo consistency），该项为所有同名像点匹配代价的总和，反映了同名点的相似性。

$$E_{\text{data}} = \sum_{\boldsymbol{p} \in I} C(\boldsymbol{p}, d) \tag{4-30}$$

其中：$C(\boldsymbol{p}, d)$ 可以是初始的匹配代价也可以是经过聚合操作的代价值；第二项 E_{smooth} 为光滑约束项，引入邻域像素的约束，提高匹配的可靠性，这一项主要是用来评价待匹配点的视差或其他统计量与临近像素的相似性，计算方式如下：

$$E_{\text{smooth}} = \sum_{\boldsymbol{p} \in I} \sum_{\boldsymbol{q} \in \Omega_p} \phi(d_p, d_q) \tag{4-31}$$

其中：$\phi(d_p, d_q)$ 为像点 $\boldsymbol{p}$ 与 $\boldsymbol{q}$ 点的视差的差异性即不连续性。所有的平滑性约束都需要满足以下公式：

$$\phi(1,1) + \phi(0,0) \leqslant \phi(1,0) + \phi(0,1) \tag{4-32}$$

通常使用的有一阶不连续性（Sun et al., 2003；Kolmogorov et al., 2002）和二阶不连续性（Woodford et al., 2009）。

基于图像的优化问题，可以看作是马尔科夫随机场的优化问题。图像中的每个像素可以认为是随机场中的节点，两个像素的关系可以认为是随机场中节点之间的连接边。

基于马尔科夫随机场的立体匹配可以大致分为两类，一类是离散的立体匹配算法，一类是连续的匹配算法。离散的立体（Wang et al., 2011；Kolmogorov et al., 2001）匹配算法可以看作多标签优化问题，每个像点的视差值可以看作是离散的标签，可以利用图割（Kolmogorov et al., 2004；Boykov et al., 2004）或者置信传播（Felzenszwalb et al., 2006；Yedidia et al., 2000）等方法进行视差优化。连续的匹配算法（Taniai et al., 2014；Besse et al.,

2013）可以通过优化获得亚像素精度的视差图。Besse 等（2013）、Heise 等（2013）、Lu 等（2013）、Bleyer 等（2011）等提出的算法通过将优化对象由离散的视差转化为连续的平面实现视差的连续优化，Taniai 等（2014）通过一种新的标签查找表也实现了利用图割算法获得连续的视差图。

4.3.4　半全局匹配

局部匹配算法相对简单，计算复杂度不高，能够达到实时应用的要求，但是匹配精度有限；全局匹配算法可以获得较高的匹配精度，但是计算复杂度高，不能应用于大范围的场景重建，因此一些研究人员提出了半全局匹配的算法（Hirschmüller, 2008, 2005）。

为了计算逐像素的视差图，半全局匹配算法（semi-global matching, SGM）也构建了如下的能量函数：

$$E(d) = \sum_{p} \left\{ C(\boldsymbol{p}, d_p) + \sum_{q \in N_p} P_1 T\left[\left| d_p - d_q \right| = 1 \right] + \sum_{q \in N_p} P_2 T\left[\left| d_p - d_q \right| > 1 \right] \right\} \tag{4-33}$$

其中：$\boldsymbol{p}$ 为影像上某像素；d_p 为像素 $\boldsymbol{p}$ 的视差；$C(\boldsymbol{p}, d_p)$ 为像素 $\boldsymbol{p}$ 在视差为 d_p 时的匹配代价；$\boldsymbol{p}$ 为其 $\boldsymbol{p}$ 邻域像素；d_q 为邻域像素 $\boldsymbol{q}$ 的视差；P_1 和 P_2 为惩罚系数；d 为待解的视差场；$T[\blacksquare]$ 为取值函数，当参数为真（true）时其取值为 1，否则为 0。

能量函数的第一项为数据项，对应为匹配代价；后两项为光滑约束项，其中第二项表示邻域视差变化值为 1 时惩罚值为 P_1，第三项表示当邻域视差变化超过 1 时惩罚值为 P_2，其中 P_1 远小于 P_2。光滑项的物理意义如下。

（1）鼓励相邻像素的视差缓慢变化。当相邻像素视差相同，即 $d_p = d_q$ 时，不增加代价；而当相邻像素视差变化为 1 时，即 $\left| d_p - d_q \right| = 1$ 时，加入较小的惩罚值 P_1。

（2）压制相邻像素的视差剧烈变化。当相邻像素视差变化大于 1 时，即 $\left| d_p - d_q \right| > 1$ 时，加入较大的惩罚值 P_2。但是在影像的灰度变化较大处，可能会出现视差断裂，灰度变化越大，出现视差断裂的可能性越高，此时应加入较小的惩罚值，即惩罚值 P_2 应与影像的梯度成反比，因此根据以下公式确定 P_2 的值。

$$P_2 = \frac{P'}{I_{bp} - I_{bq}} \tag{4-34}$$

式中：P' 为常量；I_{bp} 和 I_{bq} 为基准影像上像素 $\boldsymbol{p}$ 和邻域像素 $\boldsymbol{q}$ 的灰度。

在传统的半全局立体匹配算法采用互信息作为匹配代价，如下：

$$C_{\mathrm{MI}}(\boldsymbol{p}, d) = -\mathrm{MI}(I_{bp}, I_{bq}) \tag{4-35}$$

式（4-33）的能量函数对应为一个二维的优化问题，为了最小化该能量函数，半全局匹配方法将二维优化问题转化为 16 方向的一维动态规划问题。通过计算 16 方向的路径代价，并进行代价的累积形成累积代价立方体，其大小与代价立方体的大小相同。如图 4-16 所示。

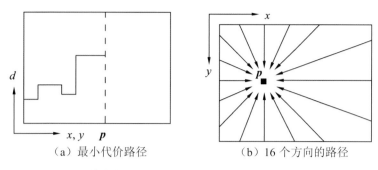

（a）最小代价路径　　　（b）16 个方向的路径

图 4-16　视差空间上代价累积示意图（Hirschmüller，2008）

图 4-16 中 x, y 为影像列和行方向，d 为视差值。对于像素 $\boldsymbol{p}$，在方向 r 视差为 d 处的路径代价 $L_r(\boldsymbol{p}, d)$ 按下式计算。

$$L_r(\boldsymbol{p}, d) = C(\boldsymbol{p}, d) + \min \begin{pmatrix} L_r(\boldsymbol{p} - \boldsymbol{r}, d) \\ L_r(\boldsymbol{p} - \boldsymbol{r}, d - 1) + P_2 \\ L_r(\boldsymbol{p} - \boldsymbol{r}, d + 1) + P_1 \\ L_r(\boldsymbol{p} - \boldsymbol{r}, d) + P_2 \end{pmatrix} - \min_k L_r(\boldsymbol{p} - \boldsymbol{r}, k) \qquad （4-36）$$

式中：$L_r(\boldsymbol{p} - \boldsymbol{r}, d)$ 为在方向 r 上像素 $\boldsymbol{p}$ 的前一个像素的路径代价；k 为视差取值范围，使用最后一项是为了保证累积代价不会沿着路径向前不断增大而导致数据超限溢出。路径代价的计算如图 4-17 所示。

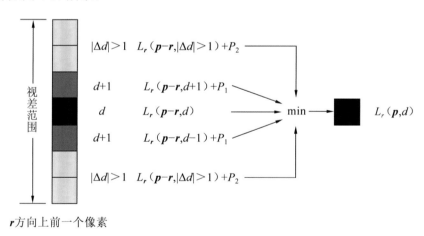

图 4-17　路径代价计算示意图

多个方向上的动态规划实际上是实现式（4-33）所示的能量函数中的约束项，使得邻域像素的视差对中心像素的视差结果产生约束，最终得到相容性最佳的视差图。

将所有方向的路径代价按式（4-36）进行聚合便得到累积代价立方体

$$S(\boldsymbol{p}, d) = \sum_r L_r(\boldsymbol{p}, d) \qquad （4-37）$$

对于计算获得的累积代价 $S(\boldsymbol{p}, d)$，采用简单的 WTA 算法计算像素 $\boldsymbol{p}$ 的最优视差 d。显然这样获得的视差 d 的精度是像素级别的。为了达到子像素级别的匹配精度，可根据

视差 d，$d-1$和$d+1$处的累积代价$S(\boldsymbol{p},d)$，$S(\boldsymbol{p},d-1)$和$S(\boldsymbol{p},d+1)$进行二次抛物线（设抛物线函数为$y=ax^2+bx+c$）的拟合，计算最优视差。计算公式如下：

$$\begin{cases} a = S(\boldsymbol{p},d-1) + S(\boldsymbol{p},d+1) - 2S(\boldsymbol{p},d) \\ b = S(\boldsymbol{p},d+1) - S(\boldsymbol{p},d-1) \\ d' = d - \dfrac{b}{2a} \end{cases} \qquad (4\text{-}38)$$

由此获得的视差图是具有噪点的。采用二维中值滤波可有效去除噪点，本节中值滤波的窗口大小为7×7，效果如图4-18所示。

（a）中值滤波前 　　　　　　　　　　　（b）中值滤波后

图4-18　视差图的中值滤波效果图

经典的半全局匹配算法具有以下几个优点：

（1）通过构建匹配问题的全局能量函数，考虑邻域像素视差的连续性，克服重复纹理、弱纹理区域匹配困难的问题；

（2）以互信息作为相似性测度，能高效地获取精细的影像视差图，且在一定程度上克服了灰度非线性差异对匹配造成的不良影响；

（3）采用半全局优化的策略，使用16个方向上的一维动态规划进行代价的累积，提高了运算的效率。

基于以上优点，经典的半全局匹配算法对于输入的双目立体核线影像能够高效匹配出精细可靠的逐像素视差图。

但是，经典的半全局匹配算法依然存在一些问题，主要表现在以下几个方面。

（1）相似性测度的选择。经典的半全局匹配算法随机生成每个像素的视差作为初值，在此基础上计算互信息，这显然不是最优的。

（2）视差范围的调整问题。经典的半全局匹配算法需耗费大量的内存用于存储冗余的匹配代价和累积代价，这种做法在消耗大量内存的同时也增加了计算量。

针对以上问题,研究人员对经典的半全局匹配算法在惩罚系数的选择、相似性测度的选择、视差范围的调整、匹配置信度的计算和影像的辐射质量改善等方面进行改进和扩展,提出了多测度的半全局匹配算法。

经典的半全局匹配算法采用互信息作为相似性测度,根据影像先验视差图计算出互信息查找表后,通过查表就可以得到相应的互信息测度,因此计算简单快捷;同时,计算一对像素的互信息仅仅需要像素自身的灰度值,而不依赖于邻域像素的灰度,因此互信息还具有保边缘的优点。但是,计算互信息需要先验的视差初值,经典的半全局匹配的解决方法为:首先,通过随机生成的方法产生初始视差图;其次,利用该视差图计算互信息查找表并进行匹配,得到匹配结果视差图;然后,利用匹配结果视差图再计算互信息查找表并进行匹配,如此迭代三次。显然这种方法是存在问题的,因为随机生成的视差图可靠性较差。

基于灰度窗口计算的 Census 测度则可以弥补互信息的以上缺点。首先,Census 测度的计算不依赖于初始的视差结果,只需给定两个相关的灰度窗口即可计算一个相似性量值;其次,Census 是基于窗口计算的,因此在大范围搜索视差时更加稳健。为了综合互信息和 Census 两种相似性测度的优点,充分发挥各自的优势,兼顾计算效率和匹配效果,研究人员提出多测度半全局匹配算法(multiple similarity measurements semi-global matching,mSGM),仅在最高一级金字塔影像上采用 Census 匹配测度匹配准确的初始视差图,在以下各级影像都采用互信息作为匹配测度,mSGM 的原理如图 4-19 所示。

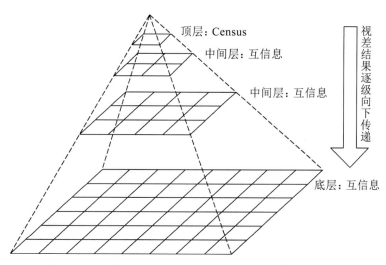

图 4-19 多测度半全局匹配的相似性测度使用分布图

影像金字塔的策略是影像匹配中经常使用的一种由粗到精(coarse-to-fine)的匹配策略,它对于影像匹配的效率、鲁棒性、抗噪性和精度都能起到关键的作用。图像金字塔匹配策略的意义主要表现在以下三个方面。

(1)通过建立影像金字塔,影像匹配从最高一级影像(即分辨率最低一级影像)开始匹配,由于分辨率的降低,匹配的搜索空间大大降低,避免了大范围的搜索空间导致的误匹配问题；同时，匹配的结果会逐级向下传递并作为初值引导下一级的匹配，下一级仅需在初值的"窄带"范围内搜索最佳匹配值，在提高了计算效率的同时，也提升了匹配算法的鲁棒性。

（2）建立影像金字塔即将影像的分辨率降低至不同的等级（一般采用像素块的均值），原始图像上存在的噪声，一般在金字塔影像中会变弱，这就提高了影像匹配的抗噪性，有助于提升影像匹配的正确率。

（3）基于影像金字塔的匹配策略有助于提高影像匹配的精度。影像匹配的搜索范围尤其关键，不当的影像搜索范围会导致匹配失败或误匹配。

经典的半全局匹配算法也使用了影像金字塔的匹配策略，但是影像金字塔仅仅用于计算逐渐精确的互信息查找表，并没有把影像金字塔的作用发挥到最优。该算法在各级金字塔影像的所有像素都使用相同且固定的视差搜索范围（金字塔影像的视差范围按其影像的缩小倍数缩小），在耗费大量内存和冗余计算时间的同时，也增加了由重复纹理造成的匹配多义性而导致误匹配的风险。

斯图加特大学的 Rothermel 等（2012）在经典的半全局匹配算法中加入基于影像金字塔的匹配策略调整视差搜索范围的方法，将其发展为 tSGM 算法（tube shaped Semi-global matching，该算法是 SURE 软件的核心匹配算法），在节约了内存消耗的同时提高了计算的速度，其视差搜索方案原理如图 4-20 所示，图中左侧为各级金字塔影像的视差搜索范围，右上侧为经典半全局匹配的匹配代价立方体（matching cost cube），右下侧为 tSGM 的管状结构匹配代价（tube-shape matching cost）。对于当前金字塔层级影像上的某一像素的视差搜索范围，该算法利用其在上一级影像对应像素邻域窗口内的视差值范围来进行预测，并将此范围约束至一定的像素值范围。

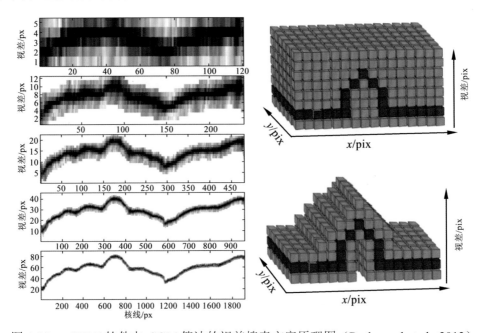

图 4-20　SURE 软件中 tSGM 算法的视差搜索方案原理图（Rothermel et al., 2012）

显然, SURE 的 tSGM 算法虽然实现了动态调整视差搜索范围, 但是仅仅利用上一级对应像素邻域窗口的视差范围的统计值来调整, 仍然没有将视差的初值与形状先验联系起来。

4.4　多视密集匹配

多视密集匹配可以充分利用多张影像来恢复目标的三维信息, 能够很好地恢复由于遮挡在某些影像上不可见的物体的几何形状。相较于双目立体匹配, 基于多个不同视角拍摄的影像对空间场景中的实体进行三维信息的恢复, 可以获得更加丰富的观测信息, 并提高匹配结果的精确度以及完整性。本节就多视密集匹配算法的发展现状以及一些典型算法进行介绍。

4.4.1　多视密集匹配算法的概述

基于多张影像的三维重建问题在计算机视觉领域是一个有着很长历史且有很强挑战性的问题。根据 Seitz 等 (2006) 对多视三维重建算法的分析, 可以将基于多张影像的三维重建大致分为四大类: 基于三维体素的方法, 基于可变多边形格网的方法, 基于多张深度图的方法, 基于图像块的方法。

基于三维体素 (3D voxel) 的方法有一个基本的假设: 重建后的三维模型经过投影后, 应具有与原影像一样的纹理和分辨率等 (Seitz et al., 1999)。基于体素的多视重建算法需要已知一个包含需要重建的真实场景的包围盒。首先将这个包围盒剖分为很多个基本体素单元, 将这些基本的体素单元投影回原影像中, 判断该体素单元位于物体的内部、外部或者是表面上。这类算法的精度受包围盒细分程度影响, 通常情况下, 剖分程度越大, 获得的重建结果就会越精细, 但同时也增加了计算量, 使算法的计算效率降低。基于体素的三维重建大致可分为两类: 空间雕刻法 (space carving) (Bonfort et al., 2003; Broadhurst et al., 2001)、体素着色法 (voxel coloring) (Stevens et al., 2002; Culbertson et al., 2000; Seitz et al., 1999)。也有很多学者提出利用全局优化的方式解决基于体素的重建问题。Paris 等 (2006) 提出了一种直接的表面重建方法, 首先构造一个连续的基于几何结构的方程, 然后利用图割来进行全局优化; Gutierrez 等 (2014) 对现有的空间雕刻法进行分析研究, 提出了对基于空间雕刻的重建结果的评价体系。

基于可变多边形格网 (deformable polygonal meshes) 的方法, 通常需要一个比较好的表面初始值, 然后通过最小化能量函数的优化方式获得最优的三维表面模型。由于对初始值的要求, 这也限制了这类方法的应用。Esteban 等 (2013) 提出了在影像一致性约束的基础上, 利用可见外壳模型 (visual hull model) 作为三维物体表面格网优化的初始值, Furukawa 等 (2009) 提出了一种能够获得复杂三维物体精确几何模型的重建算法, 该算法主要是基于轮廓线信息, 综合利用了影像一致性约束和几何一致性约束。Shan 等 (2014) 提出了一种根据遮挡轮廓线定义自由空间区域的多视重建算法, 在重建的质量上有很大的提升。

基于图像块（patch-based）的方法（Habbecke et al., 2006；Lhuillier et al., 2005）是利用一系列细小的图像块来表示三维场景的表面。这类方法简单有效且适合于虚拟现实的需要。但是这类方法需要一个后处理的步骤，将生成的三维模型格网化，生成格网模型，这样就更加适用于基于图像建模应用的需要。PMVS 是由 Furukawa 等（2010）提出的目前应用广泛的多视密集重建算法。该算法能够生成大量的、覆盖可见区域的矩形块。该算法大致可分为匹配、扩张、过滤三个步骤。这个算法的关键就是有效地使用局部的影像一致性和全局的可见性约束。该算法能够自动地检测和消除异常点并且不需要可见外壳、包围盒等形式的初始化。该算法首先对多张图像进行特征检测，接着对这些特征进行特征匹配获得初始化的图像块，然后利用扩展的策略获得更加密集的图像块，最后利用可见性约束去除错误匹配的图像块，这样不断地迭代处理，获得最终准确的、密集的可以用来表示真实场景表面的一系列图像块。

对于密集匹配的定量和定性的评价，有很多研究机构和学者提出了不同的测试平台。由明德学院提出的测试平台一直是计算机视觉中有关双目立体匹配和多视密集匹配使用的最为广泛的测试平台。该平台提供了大量的测试数据并对提交的结果进行多角度的、全面的评价。该测试系统在 2014 年对测试数据和测试方式进行了比较大的改进，提供了更加科学的结果分析（Scharstein et al., 2014）。针对大场景、宽基线以及纹理相对缺乏区域的立体匹配的评价，Geiger 等（2012）提供了卡尔斯鲁厄理工学院与芝加哥丰田科技学院联合项目组［Karlsruhe Institute of Technology（KIT）and Toyota Technological Institute at Chicago（TTI-C），KITTI］视觉标准数据集[1]，该测试平台提供更多、更具有挑战性的匹配数据。针对基于多张影像的密集匹配问题，洛桑联邦理工学院的计算机视觉实验室提供了一套带有准确相机参数的测试数据，该数据集主要是针对建筑物的高分辨率数据集（Strecha et al., 2008）[2]。牛津大学提供了一套包含近景影像，航空影像，点云文件等多种类型数据的多视重建数据集[3]。

4.4.2　匹配影像对的自动选择

随着新型成像传感器的不断涌现，无人机、消费级相机和智能手机等设备不断普及。与此同时，影像处理技术不断进步，现阶段影像的成像方式呈现多样性和无序性。空中三角测量作业软件也对成像规则性没有严格要求，目前比较流行的空三定向软件，如摄影测量领域的 Pix4D、PhotoScan、GodWork 和计算机视觉领域的 VisualSFM（Wu et al., 2011）等软件，在空三定向时都不需要影像重叠度和航线信息，空三定向结果也不包含重叠度与航线信息，因此影像匹配时无法根据重叠度与航线信息选择影像对。

为适应现阶段影像获取的特点，在影像匹配时根据定向信息（包含定向参数、连接点的像点观测值和地面坐标）自动选择影像的最优邻域影像集和组成立体像对的最佳匹配影像。首先，根据影像的定向信息，计算影像间的交会角、重叠度、尺度差异和主光轴夹

---

① 引自：http://www.cvlibs.net/datasets/kitti/eval_stereo_flow.php?benchmark=stereo

② 引自：http://cvlabwww.epfl.ch/data/multiview/

③ 引自：www.robots.ox.ac.uk/~vgg/data1.html

角等信息，选择满足设定条件的邻域影像作为影像的邻域影像集；然后，根据一定的准则从影像的邻域影像集中选择最优匹配影像。

1. 邻域影像选择条件

邻域影像的选择条件主要包括影像间交会角、重叠度、尺度差异和主光轴夹角四项。

1）交会角

影像间的交会角是判断两张影像是否能够组成适合于匹配像对的重要因素。一般来说，交会角要求大小适中，过大或过小的交会角都不利于影像匹配结果的可靠性。较小的交会角虽有利于匹配同名像点，但会导致同名像点前方交会精度较低；相反，较大交会角有利于提高同名像点前方交会的精度，但影像间的几何变形较大，从而导致同名点匹配难度较大。因此，交会角的大小需要满足一定的范围，如 5°～40°，超过该范围的影像不能加至邻域影像集。

影像间的交会角可根据连接点计算，首先根据两张影像间的连接点对应的地面点分别与两张影像的摄站点的连线方向，计算每个连接点的交会角，然后统计所有连接点的交会角的均值作为影像间的交会角。

2）重叠度

影像间的重叠度能够反映两张影像的连接强度，过低的连接强度可能会导致影像间定向参数的不稳定，这将对匹配造成不良影响。因此，只有重叠度大于一定阈值（如15%）的影像才能成为邻域影像。

影像间的重叠度可以根据两张影像间同名像点在一张影像上所占的像素面积与总像素面积之比计算。

3）尺度差异

摄影场景的深度变化会导致影像尺度的差异，这对于近景影像尤其是智能手机拍摄的地面物体的影像尤为明显。影像尺度的差异性也会影响影像匹配的精度，因此，在选择邻域影像时也应该考虑影像间的尺度差异，尺度差异较大的影像应排除在邻域影像集之外，一般可要求尺度比范围在 0.8 至 1.2。

4）主光轴夹角

影像主光轴的夹角这一选择条件主要是针对倾斜影像。倾斜相机不同视角影像拍摄到物体的不同侧面，且存在较大的几何变形，例如在城市场景中，正视相机拍摄一般能拍摄到建筑物的屋顶，而侧视影像则容易拍摄到建筑物的墙面。因此，不同角度的影像不适合进行影像匹配，也不能纳入到邻域影像集。通过计算两张影像的主光轴夹角大小，可判断两张影像是否属于同一视角，当主光轴超过一定角度（如10°）时可认为是不同视角的影像。

根据以上选择条件，可以确定影像 I 的邻域影像集 N_I，接下来需要从 N_I 中选择一张影像 J 作为影像 I 的最优配对影像。

2. 基于马尔科夫随机场的全局优化选择

选择影像 I 的最优配对影像需要满足以下两个方面的准则：首先，从局部角度讲，最优匹配影像应符合最佳邻域影像的选择条件；其次，从全局角度讲，应该避免重复的匹配像对（如影像 I 的最优配对影像为 I'，I' 的最优配对影像为 I）。可以将影像选择归结为一个全局的优化问题，该全局优化问题的能量方程如下：

$$
\begin{cases}
E(l) = \sum_{i \in I, l_i \in N_I} C_i(l_i) + \sum_{i,j \in I} \lambda_{\text{duplicate}} \delta(l_i, l_j) \\
\delta(l_i, l_j) = \begin{cases} 1; & \text{if } (l_i = j \cap l_j = i) \\ 0; & \text{otherwise} \end{cases}
\end{cases}
\tag{4-39}
$$

式中：l 为待选择的每张影像的最优配对影像构成的集合；l_i 和 l_j 分别为第 i 和第 j 张影像所选择的最优配对影像；$C_i(l_i)$ 为当第 i 张影像选择的配对影像为 l_i 时的能量；$\lambda_{\text{duplicate}}$ 为影像 i 和 j 互为最优配对影像时的惩罚能量（一般设置为很大的常量）；$\delta(l_i, l_j)$ 为取值 0 或 1 的判断函数，如式（4-39）所示，当影像 i 和 j 为最优配对影像时 $\delta(l_i, l_j)=1$。将上述问题转化为马尔科夫随机场对应的无向图 $G=(V,E)$。图中的节点 V 表示影像，每张影像有多个候选标号，其候选标号即为邻域影像集 N_I，对于影像 i，其标号 $l_i \in N_I$，连接边 E 表示邻域影像之间的连接。

影像 I 的邻域影像集 N_I 中每张影像可根据前文的选择条件计算交会角、重叠度、尺度比等相邻性指标，将上述相邻性指标按照一定的加权方式计算一个评分值，该评分值的负函数可作为 $C_i(l_i)$，即无向图中第 i 张影像对应的节点取标签为 l_i 时的代价。评分值的计算可按 Goesele 等（2007）提出的方法计算，上述最佳配对影像选择的马尔科夫随机场全局优化问题可使用迭代条件算法（iterated conditional model，ICM）、图割、置信度传播算法（belief propagation，BP）和 TRW-S（sequential tree-reweighted message passing）等方法求解。

4.4.3 基于图像块的多视密集匹配

基于图像块的多视密集匹配算法是由 Furukawa 等（2010）提出的，该算法综合利用局部影像相似性与全局可见性生成精确的密集三维点云。它按照匹配、扩张、过滤等步骤利用稀疏的特征点获取精确地密集匹配结果（Furukawa et al., 2015）。该方法会对每一个图像单元，重建至少一个物方块（patch），下面将该算法的具体步骤做一个简要的介绍，并给出一些实验结果。

每一个物方块 p 由两部分参数，一部分是中心点坐标 $c(p)$，另一部分是图像匹配块的法向量 $\boldsymbol{n}(p)$。首先对已知相机参数的多张影像进行特征提取与匹配，这里采用的是 DoG 和 Harris 算子，然后根据匹配结果构造初始的物方候选块，物方块 p 的中心点可以利用匹配好的特征点及进行前方交会获得，对应的法向量可以用下式得出：

$$
\boldsymbol{n}(p) = \frac{\overrightarrow{c(p)\boldsymbol{O}(I)}}{\left| \overrightarrow{c(p)\boldsymbol{O}(I)} \right|}
\tag{4-40}
$$

其中：$c(p)$ 为物方块的中心点的三维坐标；$O(I)$ 为相机的位置坐标。在确定候选物方块后需要为每一个物方块根据视角确定一定数量的可见影像序列 $V(p)$，用 $|V(p)|$ 表示可见影像的数量，可见性用下式判断：

$$V(p) \leftarrow \left\{ I \mid \boldsymbol{n}(p) \cdot \overrightarrow{\boldsymbol{c}(p)\boldsymbol{O}(I)} / \left| \overrightarrow{\boldsymbol{c}(p)\boldsymbol{O}(I)} \right| > \cos\tau \right\} \tag{4-41}$$

初始化后需要对当前的物方块进行扩张。物方块的扩张是以图像单元为基本单位，图像单元 $C_i(x', y')$ 是对影像进行简单的规则网格分割获得的。首先利用式（4-42）确定图像单元的邻域 $\boldsymbol{C}(p)$。

$$\boldsymbol{C}(p) = \left\{ C_i(x', y') \mid p \in Q_i(x, y), |x - x'| + |y - y'| = 1 \right\} \tag{4-42}$$

其中：$Q_i(x, y)$ 为投影会落在图像单元 $C_i(x', y')$ 中的物方块集合，对于邻域内没有候选物方块的单元，进行物方块的扩张，对于扩张出的物方块的中心点坐标 $c(p')$ 是根据光线与原匹配块 p 的交点确定的。然后确定可见影像序列 $V(p')$。接着对中心点坐标进行优化，让中心点沿着光线进行移动，保证图像匹配差异度最小，这里用相关系数来作为匹配测度。这个优化的问题采用共轭梯度算法进行求解。然后再根据中心点的位置计算法向量，进而确定可见影像序列，若 $V(p)$ 大于一定数值，则保留该扩展的物方块，该操作过程是循环迭代的，直到每个影像单元均有候选的物方块为止。

接下来的步骤就是过滤掉匹配错误的物方块，这个过程通过两步过滤来完成。第一步的过滤主要是依据可见一致性。用 p 与 p' 表示沿着法线方向距离小于一定阈值的相邻的物方块。$U(p)$ 用来表示当前条件下可见性与 p' 不同的物方块 p'，若满足下式

$$|V(p)|[1 - \mathrm{Cost}(p)] < \sum_{p_i \in U(p)} [1 - \mathrm{Cost}(p_i)] \tag{4-43}$$

则认为 p 是错误点，需要剔除，其中 $\mathrm{Cost}(p_i)$ 是影像匹配相似度的平均值。第二步是基于一种弱的正则化。对于每一个图像匹配块 p'，首先确定所有可见影像序列中自身以及邻近的影像单元中的物方块，如果与 p 相邻的数量占总数的比例小于 0.25，则认为该点是误差点。图 4-21 是利用武汉大学信息管理学院大楼 73 张手机影像，基于 PMVS 算法得到的密集点云，其中右侧为左侧对应区域的放大显示。

图 4-21　PMVS 算法结果

4.4.4　基于贝叶斯模型估计的多视密集匹配

作为真实场景三维重建的核心环节，密集匹配需要在成像模型复杂以及影像上可能存在较多噪声的情况下，确定影像像素之间的对应关系。可以将密集匹配问题看成是针对存在噪声等不确定情况下的参数估计问题，所以可以利用贝叶斯估计来实现多张影像的密集匹配。基于贝叶斯框架的多视密集匹配就是将多视密集匹配问题归结为一个最大后验估计问题。最大后验估计是利用经验数据对参数变量进行估计，与最大似然估计不同的是估计变量的过程中加入了估计量的先验分布（Kay，1995）。可以用式（4-44）表示，其本质就是确定参数 θ 使后验概率最大，其中 $g(\theta)$ 表示的是先验概率。

$$\hat{\theta}_{\mathrm{MAP}}(x) = \underset{\theta \in \Theta}{\arg\min} \frac{p(x \mid \theta) g(\theta)}{\int_{\theta' \in \Theta} p(x \mid \theta') g(\theta') \, \mathrm{d}\theta'} = \underset{\theta \in \Theta}{\arg\min} \, p(x \mid \theta) g(\theta) \tag{4-44}$$

基于贝叶斯框架的多视密集匹配利用最大后验估计解决多张影像的密集匹配问题，利用少量的不同视角拍摄的影像以及一系列稀疏的三维点，通过最大后验估计获得未知的参数模型 $\theta = (D, I^*)$，这里的 I^* 是根据深度、可见性等参数估计出来的影像，即利用同一个场景其他视角的影像还原该视角的影像，若估计出的深度等参数接近真实值，那么据此估计得到的影像应该与原始影像相似度很高。根据 Gargallo 等（2005）以及 Yao（2006）的方法，定义联合概率，如下：

$$p(t) \, p(I^* \mid \tau) \, p(V \mid D, \tau) \, p(C \mid I^*, \tau) \, p(D \mid I^*, C, \tau) \, p(L \mid \theta, V, \tau) \, p(I \mid I^*, D, V, \tau) \tag{4-45}$$

其中：$p(t) \, p(I^* \mid \tau)$ 为算法中相关参数的先验概率，对此不作考虑；$p(V \mid D, \tau)$ 为估计影像的先验概率，这里参见 Gargallo 等（2005）的方法，采用一个均匀分布来代替；$p(C \mid I^*, \tau)$ 为基于点信息一致性的先验概率；$p(D \mid I^*, C, \tau)$ 为根据估计的深度值计算出来的先验概率；$p(L \mid \theta, V, \tau)$ 为基于直线段匹配的似然概率；$p(I \mid I^*, D, V, \tau)$ 为基于图像的似然概率。根据联合概率的定义，基于贝叶斯的最大后验估计可以归结为估计参数 θ：

$$\hat{\theta} = \underset{\theta}{\arg\min} \, p(\theta \mid I, Z, \tau) = \underset{\theta}{\arg\min} \int_C \int_V p(I, Z, I^*, D, V, C, \tau) \, \mathrm{d}V \mathrm{d}V \tag{4-46}$$

1. 基于图像的似然函数

在实际的影像拍摄过程中，噪声的影响是不可以忽略的，基于贝叶斯的模型估计算法将带有噪声的多张影像作为数据源去估计每张像片的深度图。这里，假设输入影像的噪声是独立分布的，可以用每张影像上的每个像素的似然概率的乘积来代表整体的似然概率，如下：

$$p(I \mid \theta, V, \tau) = \prod_i \prod_{x \in I_i} p\big(I_i(x) \mid \theta, V, \tau\big) \tag{4-47}$$

在很多文献中，研究学者都使用原始影像 I_i 与利用模型估计出的影像 I_i^* 之间对应像点坐标的颜色相似性来代表每个像素的似然概率。但是从严格意义来讲，这种用法是不严谨的，因为在进行影像估计时，像点的颜色值被用来估计其他影像上与该点相对应的像点坐标的颜色值。在一张影像上，对某一个像点所对应的真实场景中的三维点，由于相

互遮挡等因素的影响，并不是在每张影像上都会有这个三维点所投影产生的像点。所以要考虑该点对应的三维点在其他影像上的可见性，需要引入可见性的概念。将每个点的似然概率表示成式（4-48），其中 S_v 为用来表示该点可见性的集合，$|S_v|$ 为该点在多少张影像上可见。

$$p\left(I|I_i^*(x), D, V, \tau\right) = \prod_{x \in S_v(x)} p\left(I_j(x) \mid I_i^*(x), D, V, \tau\right)^{\frac{1}{|S_v(x)|}} \tag{4-48}$$

在该概率模型中，像点差异性的计算方式的选取是十分重要的，传统的像点差异性一般采用两个像点颜色空间的差来计算，但是这种计算方式并不鲁棒，对于噪声或者非朗伯体，这种计算方式会产生较大的误差，这里可以考虑使用 NCC 来评价两个点的相似性。

2．基于一致可见性的先验概率

基于可见性的先验概率被用来判断影像 I_i 上的点 x 所对应的三维点在影像 I_j 上是否可见。Gargallo 等（2005）提出了一种新颖有效的衡量可见性的方法，这个方法有一个基本的假设，就是对于一个二维点所对应的三维点的深度与另外一张影像上对应点估计的深度越近，则这个二维像点在那一张影像上的投影点的颜色值应该与该点的估计颜色值越接近。

如图 4-22 所示，对于影像 I_i 上的一个二维点 x_i，它所对应的三维点为 X_i，它在影像 I_j 上投影点 x_j 估计的深度值为 $D_j(x_j)$，那么该假设说明 $D_j(x_j)$ 与 $D_i(x_i)$ 的绝对插值越小，点 $I_j(x_i)$ 与 $I_i(x_i)$ 的颜色值的绝对差值应该也越小。

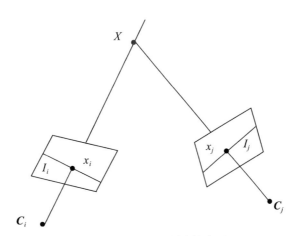

图 4-22　影像一致性的表示

3．基于多张深度图的先验概率

基于多张深度图的先验概率是基于贝叶斯的模型估计所构造的后验概率的一个重要组成部分。基于多张深度图的先验概率 $p(D \mid I^*, C, \tau)$，主要是为了达到以下两个目的：①在每张深度图的局部区域实现平滑，同时对于深度不连续区域，保存这种深度突变的特征，这里使用规则化的方式来达到这个目的；②保证多张影像对应的深度图的一致性，即不同影像上的同名点的深度值原则上应该是相等的。这里，该算法将基于多张深度图的先验概率分为两个部分，基于多张深度图一致性的先验概率和基于深度平滑的先验概率。

这里使用的先验概率模型综合了由 Strecha 等（2004）与 Gargallo 等（2005）提出的概率模型，引入 Tomasi 等（1998）提出的可以保存影像边缘的双边滤波的思想。双边滤波之所以能够实现在对图像模糊的同时避免边缘的过度平滑，是因为在计算以当前像素为中心的邻域范围内每个点的加权平均权重时考虑了空间距离以及像素灰度或者颜色信息。

4．基于直线匹配的似然概率

在构造基于贝叶斯的多视密集匹配模型时，加入匹配后直线段的一致性约束。如图 4-23 所示，在真实场景中存在着大量的直线段，这些直线段能够很好地描述真实场景的几何信息。

图 4-23 不同真实场景中提取的直线段

对于一些没有纹理或者纹理缺乏的区域，直线段的存在能够很好地帮助人们恢复场景的三维信息和几何结构。同时单纯的基于点信息约束的密集匹配对于边缘的处理，也容易出现过度平滑的现象，例如有可能将一个方形的柱子恢复成为一个圆形的柱子。为了在密集匹配中应用影像中的直线段信息，引入基于直线匹配的似然概率。这个概率的引入是基于一个基本的假设。经过直线段的匹配过程，在影像 I_i 和影像 I_j 上，获得了一对匹配好的直线段 L_i^m 与 L_j^m，对于线段 L_i^m 上的一个像点 x_i 经过投影变换可以获得在影像 I_j 上对应的像点 $I_j(x_i)$，那么该像点应该位于直线段 L_j^m 或者其延长线上。基于贝叶斯的密集匹配概率模型就是利用这一约束构造基于直线匹配的先验概率。

期望/最大化（expectation/maximization，EM）算法是一种迭代方法，由 Dempster 于 1977 年首先提出。EM 优化算法不是直接对复杂的似然函数或者后验分布求极大值，而是在观测数据的基础上添加隐藏数据简化计算，通过一系列简单的极大化实现最大后验估计。

基于多视影像的密集匹配就是应用 EM 优化算法来估计参数。直接对后验分布进行最大求解是复杂和很难处理的。这里对后验分布函数求负的对数，构造能量函数。利用 EM 优化算法来对此能量函数进行优化，EM 优化可以分为两个步骤。

（1）E-步骤：根据参数初始值或上一次迭代的模型参数来计算出隐性变量的后验概率，其实就是隐含变量的期望，作为隐藏变量的当前估计值。

（2）M-步骤：将后验分布或者似然函数最大化获得新的参数值。

经过由粗到细的迭代优化可以获得最终每个输入影像对应的深度图像，进而获得三维点云信息，如图 4-24 所示给出了武汉大学一建筑物的实验结果，其中所用影像是由手机拍摄的 9 张影像，线图展示其中的 3 张。

图 4-24　基于贝叶斯估计的多视匹配算法结果图

上：部分原始影像；中：深度图结果；下：局部深度图

4.5　本 章 小 结

本章介绍了密集匹配的概念、目标和核心问题；首先针对密集匹配的核线问题介绍了常见的主流匹配测度，重点介绍了 Census 和互信息两种匹配测度；其次根据密集匹配使用影像数量不同，分别介绍了双目影像密集匹配和多视影像密集匹配。对于双目影像密集匹配，介绍了局部匹配方法、全局匹配方法和半全局匹配方法；对于多视影像密集匹配，总结了其研究现状，并介绍了基于图像块和基于贝叶斯的模型估计的多视影像密集匹配两种典型的匹配算法。

参 考 文 献

BESSE F, ROTHER C, FITZGIBBON A, et al., 2013. PMBP: PatchMatch belief propagation for correspondence field estimation. International Journal of Computer Vision: 1-12.

BLEYER M, RHEMANN C, ROTHER C, 2011. PatchMatch stereo-stereo matching with slanted support windows. The British Machine Vision Conference: 1401-1411.

BONFORT T, STURM P, 2003. Voxel carving for specular surfaces. IEEE Conference on Computer Vision and Pattern Recognition: 2-7.

BOYKOV Y, KOLMOGOROV V, 2001. An Experimental Comparison of Min-cut/Max-flow Algorithms for Energy Minimization in Vision//Figueiredo M, Zerubia J, Jain A K, eds. Energy Minimization Methods in Computer Vision and Pattern Recognition,Springer, Berlin, Heidelberg: 359-374.

BROADHURST A, DRUMMOND T W, CIPOLLA R, 2001. A probabilistic framework for space carving. Proceedings of IEEE International Conference on Computer Vision: 388-393.

CHEN Z, SUN X, WANG L, et al., 2015. A deep visual correspondence embedding model for stereo matching costs. IEEE Conference on Computer Vision and Pattern Recognition: 972-980.

CHRASTEK R J J, 1998. Mutual information as a matching criterion for stereo pairs of images. Anal. Biomed. Signals Images, 14: 101-103.

CULBERTSON W, MALZBENDER T, SLABAUGH G, 2000. Generalized voxel coloring. Vis. Algorithms Theory Pract: 100-115.

DAMJANOVIĆ S, VAN DER HEIJDEN F, SPREELIWERS L J, 2012. Local stereo matching using adaptive local segmentation. ISRN Machine Vision.

DEMPSTER A P, LAIRD N M, RUBIN D B, 1977. Maximum likelihood from incomplete data via the EM algorithm. Journal of the Royal Statistical Society: Series B (Methodological), 39(1): 1-22.

ESTEBAN C H, SCHMITT F, 2003. Silhouette and stereo fusion for 3D object modeling.Proceedings of International Conference on 3-D Digital Imaging and Modeling: 46-53.

FELZENSZWALB P F, HUTTENLOCHER D P, 2006. Efficient belief propagation for early vision. Int. J. Comput. Vis. 70: 41-54.

FURUKAWA Y, PONCE J, 2009. Carved visual hulls for image-based modeling. International Journal of Computer Vision, 81: 53-67.

FURUKAWA Y, PONCE J, 2010. Accurate, dense, and robust multiview stereopsis. IEEE Trans. Pattern Anal. Mach. Intell. 32:1362-1376.

FURUKAWA Y, HERNÁNDEZ C, 2015. Multi-View Stereo: A Tutorial. Found. Trends® Comput. Graph. Vis, 9: 1-148.

GARGALLO P, STURM P, 2005. Bayesian 3D modeling from images using multiple depth maps.IEEE Conference on Computer Vision and Pattern Recognition: 885-891.

GEIGER A, LENZ P, URTASUN R, 2012. Are we ready for autonomous driving? the KITTI vision benchmark suite. IEEE Conference on Computer Vision and Pattern Recognition: 3354-3361.

GOESELE M, SNAVELY N, CURLESS B, et al., 2007. Multi-view stereo for community photo collections. IEEE Conference on Computer Vision and Pattern Recognition: 1-8.

GRUEN A W, 1985. Adaptive least squares correlation: A powerful image matching technique. South African Journal of Photogrammetry, Remote Sensing and Cartography: 175-187.

GUTIERREZ A, JIMENEZ M J, MONAGHAN D, et al., 2014. Topological evaluation of volume reconstructions by voxel carving. Comput. Vis. Image Underst, 121: 27-35.

HABBECKE M, KOBBELT L, 2006. Iterative multi-view plane fitting. In Proceedings of the 11th International Workshop Vision, modeling, and Visualization: 73-80.

HE K, SUN J, TANG X, 2013. Guided image filtering. IEEE Trans. Pattern Anal. Mach. Intell. 35: 1397-1409.

HEISE P, KLOSE S, JENSEN B, et al., 2013. PM-Huber: PatchMatch with huber regularization for stereo matching. IEEE Conference on Computer Vision and Pattern Recognition: 2360–2367.

HIRSCHMÜLLER H, 2005. Accurate and Efficient Stereo Processing by Semi-Global Matching and Mutual Information. IEEE Conf. Comput. Vis. Pattern Recognit: 807-814.

HIRSCHMÜLLER H, 2008. Stereo processing by semiglobal matching and mutual information. IEEE Trans. Pattern Anal. Mach. Intell. 30, 328-341.

HIRSCHMÜLLER H, SCHARSTEIN D, 2007. Evaluation of cost functions for stereo matching. IEEE Conference on Computer Vision and Pattern Recognition.

HOSNI A, BLEYER M, GELAUTZ M, 2013a. Secrets of adaptive support weight techniques for local stereo matching. Comput. Vis. Image Underst. 117: 620-632.

HOSNI A, RHEMANN C, BLEYER M, et al., 2013b. Fast cost-volume filtering for visual correspondence and beyond. IEEE Trans. Pattern Anal. Mach. Intell. 35: 504-511.

JOO H, PARK H S, SHEIKH Y, 2014. MAP visibility estimation for large-scale dynamic 3D reconstruction. IEEE Conference on Computer Vision and Pattern Recognition: 1122-1129.

KAY S M, 1995. Fundamentals of Statistical Signal Processing//CHI C Y, CHEN C H, FENG C C, et al., eds. Blind Equalization and System Identification. London: Springer: 83-182.

KIM J, KOLMOGOROV V, ZABIH R, 2003. Visual correspondence using energy minimization and mutual information. Proceedings of IEEE International Conference on Computer Vision: 1033-1040.

KOLMOGOROV V, ZABIH R, 2001. Computing visual correspondence with occlusions via graph cuts. Proceedings of IEEE International Conference on Computer Vision: 508-515.

KOLMOGOROV V, ZABIH R, 2002. Multi-camera scene reconstruction via graph cuts. European Conference on Computer Vision: 8-40.

KOLMOGOROV V, ZABIH R, 2004. What energy functions can be minimized via graph cuts? IEEE Trans. Pattern Anal. Mach. Intell,26: 147-159.

LHUILLIER M, QUAN L, 2005. A quasi-dense approach to surface reconstruction from uncalibrated images. IEEE Trans. Pattern Anal. Mach. Intell. 27: 418-433.

LOWE D G, 1999. Object recognition from local scale-invariant features. IEEE Conference on Computer Vision and Pattern Recognition: 1150-1157.

LU J, YANG H, MIN D, et al., 2013. Patch match filter: Efficient edge-aware filtering meets randomized search for fast correspondence field estimation. IEEE Conference on Computer Vision and Pattern Recognition: 1854-1861.

LUO W, SCHWING A G, URTASUN R, 2016. Efficient deep learning for stereo matching.IEEE Conference on Computer Vision and Pattern Recognition: 5695-5703.

MEI X, SUN X, DONG W, et al., 2013. Segment-tree based cost aggregation for stereo matching. IEEE Conference on Computer Vision and Pattern Recognition: 313-320.

PARIS S, DURAND F, 2006. A fast approximation of the bilateral filter using a signal processing approach BT - Computer Vision – ECCV 2006. European Conference on Computer Vision: 568-580.

ROTHERMEL M, WENZEL K, FRITSCH D, et al., 2012. SURE: Photogrammetric surface reconstruction from imagery.Proceedings LC3D Workshop, Berlin, 8.

SCHARSTEIN D, HIRSCHMÜLLER H, KITAJIMA Y, et al., 2014. High-resolution stereo datasets with subpixel-accurate ground truth. Lecture Notes in Computer Science (Including Subseries Lecture Notes in Artificial Intelligence and Lecture Notes in Bioinformatics): 31-42.

SCHARSTEIN D, SZELISKI R, 2002. A taxonomy and evaluation of dense two-frame stereo correspondence algorithms. Int. J. Comput. Vis., 47: 7-42.

SEITZ S M, DYER C R, 1999. Photorealistic scene reconstruction by voxel coloring. Int. J. Comput. Vis., 35: 151-173.

SEITZ S M, CURLESS B, DIEBEL J, et al., 2006. A comparison and evaluation of multi-view stereo reconstruction algorithms. IEEE Conference on Computer Vision and Pattern Recognition: 519-528.

SHAN Q, CURLESS B, FURUKAWA Y, et al., 2014. Occluding contours for multi-view stereo. IEEE Conference on Computer Vision and Pattern Recognition: 4002-4009.

STENTOUMIS C, GRAMMATIKOPOULOS L, KALISPERAKIS I, et al., 2013. A local adaptive approach for dense stereo matching in architectural scene reconstruction. International Archives of the Photogrammetry, Remote Sensing and Spatial Information Sciences: 219-226.

STEVENS M R, CULBERTSON B, MALZBENDER T, 2002. A histogram-based color consistency test for voxel coloring. Proceedings of IEEE International Conference on Computer Vision,4: 118-121.

STRECHA C, FRANSENS R, VAN GOOL L, 2004. Wide-baseline stereo from multiple views: A probabilistic account. IEEE Conference on Computer Vision and Pattern Recognition: 552-559.

STRECHA C, VON HANSEN W, VAN GOOL L, et al., 2008. On benchmarking camera calibration and multi-view stereo for high resolution imagery. IEEE Conference on Computer Vision and Pattern Recognition: 1-8.

SUN J, ZHENG N N, SHUM H Y, 2003. Stereo matching using belief propagation. IEEE Trans. Pattern Anal. Mach. Intell, 25: 787-800.

SUN X, MEI X, JIAO S, et al., 2011. Stereo matching with reliable disparity propagation. International Conference on 3D Imaging, Modeling, Processing, Visualization and Transmission: 132-139.

TANIAI T, MATSUSHITA Y, NAEMURA T, 2014. graph cut based continuous stereo matching using locally shared labels. IEEE Conference on Computer Vision and Pattern Recognition: 1613-1620.

TOMASI C, MANDUCHI R, 1998. Bilateral filtering for gray and color images. Proceedings of IEEE International Conference on Computer Vision: 839-846.

TOMBARI F, MATTOCCIA S, STEFANO L, 2007. Segmentation-based adaptive support for accurate stereo correspondence.Advances in Image and Video: 427-438.

WANG L, YANG R, 2011. Global stereo matching leveraged by sparse ground control points. IEEE Conference on Computer Vision and Pattern Recognition: 3033-3040.

WELLS W M, VIOLA P, ATSUMI H, et al., 1996. Multi-modal volume registration by maximization of mutual information. Med. Image Anal, 1: 35-51.

WOODFORD O, TORR P, REID I, et al., 2009. Global stereo reconstruction under second-order smoothness priors. IEEE Trans. Pattern Anal. Mach. Intell, 31: 2115-2128.

WU C, 2013. Towards linear-time incremental structure from motion.Proceedings of International Conference on 3D Vision: 127-134.

WU C, WILBURN B, MATSUSHITA Y, et al., 2011. High-quality shape from multi-view stereo and shading under general illumination. IEEE Conference on Computer Vision and Pattern Recognition: 969-976.

YANG Q, 2012. A non-local cost aggregation method for stereo matching.IEEE Conference on Computer Vision and Pattern Recognition: 1402-1409.

YANG Q, TAN K H, AHUJA N, 2009. Real-time bilateral filtering. IEEE Conference on Computer Vision and Pattern Recognition: 557-564.

YAO J, 2006. Modeling and Rendering from Multiple View. Hong Kong:The Chinese University of Hong Kong.

YEDIDIA J S, FREEMAN W T, WEISS Y, 2000. Generalized belief propagation. In NIPS'OO Proceedings of the 13th International Conference on Neural Information Processing Systems: 668-674.

YOON K J, KWEON I S, 2006. Adaptive support-weight approach for correspondence search. IEEE Trans. Pattern Anal. Mach. Intell,28:650-656.

ZABIH R, WOODFILL J, 1994. Non-parametric local transforms for computing visual correspondence. European Conference on Computer Vision: 151-158.

ZBONTAR J, LECUN Y, 2015. Computing the stereo matching cost with a convolutional neural network. IEEE Conference on Computer Vision and Pattern Recognition.

ZHANG K, LU J, LAFRUIT G, 2009. Cross-based local stereo matching using orthogonal integral images. IEEE Transactions on Circuits and Systems for Video Technology, 19(7): 1073-1079.

第 5 章

众源影像配准方法

　　影像配准是实现众源影像处理的关键步骤,也是影像融合、变化检测、影像拼接、影像分类、环境监测等后续影像数据处理与应用的基础。不同影像的应用产生了不同的影像配准技术,但从本质上讲,影像配准是将不同参考坐标系下的影像变换到一个统一的坐标系下,使得配准后的多幅影像能够套合在一起,配准后相同目标的影像像素能够一一对应。已有的地图数据、街景模型和激光点云等可作为众源影像的几何基准数据,本章将依次介绍众源影像与全景影像、地图数据、街景模型和激光点云进行配准的技术和方法。

5.1　众源影像与全景影像的配准

5.1.1　球形全景影像的投影模型

球形全景影像是由一台或多台相机通过 360°拍摄的影像进行拼接形成的。季顺平等（2014）采用理想成像模型，构建了球形全景影像的投影模型（图 5-1）。设全景球的半径为 r，全景影像 $ABCD$ 长度方向水平覆盖整个球面，总长度 $W=2\pi r$，宽度方向竖直覆盖半个球面，总长度 $H=\pi r$。以点 A 为原点，指向 B 为 x 轴，指向 D 为 y 轴，建立像平面坐标系，同时以球心 O 为原点，指向平面全景影像中心 G 在全景球上的对应点 H 为 Y 轴，赤道截面为 O-XY 平面，建立像空间直角坐标系。长方形全景影像 $ABCD$ 上任意一点 $M(x,y)$，在球形全景影像上存在对应的映射点 $P(X,Y,Z)$，其对应的物方点在像空间坐标系中的坐标为 $P_c(X_c,Y_c,Z_c)$。

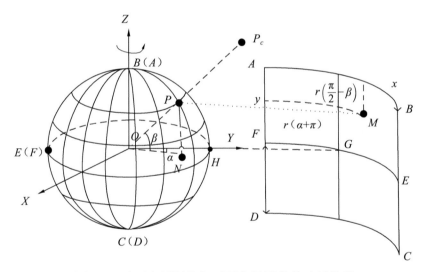

图 5-1　球形全景影像与平面全景影像的映射关系

设点 P 在 O-XY 平面上的投影为 N 点，连接 ON 与 Y 轴的夹角为 $\alpha\in[-\pi,\pi]$，与 OP 的夹角为 $\beta\in[-\pi/2,\pi/2]$，顺时针为正，逆时针为负，则根据图 5-1 所示的映射关系，点 M 和点 P 的坐标值可表示为如下形式：

$$\begin{cases} x=r(\alpha+\pi) \\ y=r\left(\dfrac{\pi}{2}-\beta\right) \\ r=\dfrac{W}{2\pi}=\dfrac{H}{\pi} \end{cases} \qquad (5\text{-}1)$$

$$\begin{cases} X = r\cos\beta\cos\left(\dfrac{\pi}{2} - \alpha\right) \\[2mm] Y = r\cos\beta\sin\left(\dfrac{\pi}{2} - \alpha\right) \\[2mm] Z = r\sin\beta \end{cases} \tag{5-2}$$

由式（5-1）、式（5-2）可推导得出像平面坐标点 M 到球形全景像空间坐标点 P 的映射关系如下：

$$\begin{cases} X = r\cos\left(\dfrac{\pi}{2} - \pi\dfrac{y}{H}\right)\cos\left(\dfrac{3\pi}{2} - 2\pi\dfrac{x}{W}\right) \\[2mm] Y = r\cos\left(\dfrac{\pi}{2} - \pi\dfrac{y}{H}\right)\sin\left(\dfrac{3\pi}{2} - 2\pi\dfrac{x}{W}\right) \\[2mm] Z = r\sin\left(\dfrac{\pi}{2} - \pi\dfrac{y}{H}\right) \end{cases} \tag{5-3}$$

同时，点 P_c、点 P 与全景球心 O 满足共线条件，可列方程如下：

$$\frac{X}{X_C} = \frac{Y}{Y_C} = \frac{Z}{Z_C} \tag{5-4}$$

5.1.2　基于改进 EPnP 算法的配准参数解算

如图 5-2 所示，球形全景影像在物方坐标系下配准参数的几何意义是球形全景像空间坐标系（$O\text{-}XYZ$）相对于物方坐标系（$S\text{-}X_wY_wZ_w$），存在旋转矩阵 R 和平移向量 T（也等于全景球心 O 的物方空间坐标）。因此，对 R、T 进行求解，即可完成球形全景影像坐标系与物方控制点坐标系的配准。

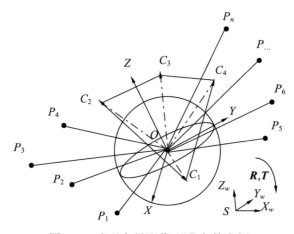

图 5-2　球形全景影像配准参数求解

EPnP 算法（Vincent et.al., 2009）估计的是透视成像（王佩军 等，2005）摄影机的外参数，将球形全景影像视为以球心为投影中心，半径为焦距，球面为成像面，视场角为 360°

的虚拟相机拍摄的影像，通过 EPnP 算法解求球形全景影像的配准参数。核心思想是将 $n(n \geqslant 4)$ 个物方点表示为 4 个虚拟控制点的加权和，通过物方点和像点的对应关系估计虚拟控制点的相机坐标，即可求得物方点的像点坐标，最后通过 Horn 绝对定向算法（Horn et al., 1988）求解旋转矩阵和平移向量。$\{P_1, P_2, P_3, P_4\}$ 为已知的控制点集，C_1、C_2、C_3、C_4 为虚拟控制点（图 5-2）。

改进 EPnP 算法的关键在于以虚拟控制点为桥梁，求解控制点在球形全景像空间坐标系下的坐标，从而利用 Horn 绝对定向算法解求 $\boldsymbol{R}$、$\boldsymbol{T}$，其流程如图 5-3 所示。

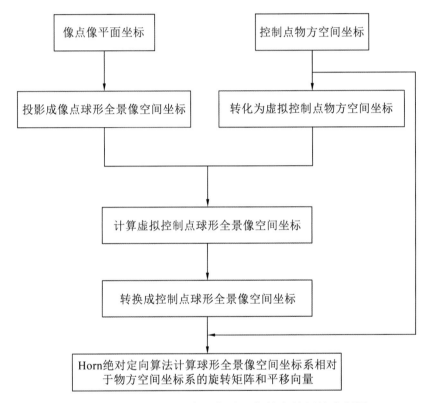

图 5-3　改进的 EPnP 球形全景影像外参数解算流程图

具体算法步骤如下。

（1）确定虚拟控制点的物方空间坐标。设 $\{P_1, P_2, \cdots, P_n\}$ 的物方空间坐标为 $\boldsymbol{P}_W^i = (X_W^i, Y_W^i, Z_W^i)^{\mathrm{T}}(i=1,2,\cdots,n)$，下标 W 表示物方空间坐标系下的坐标，通常虚拟控制点 C_1 取控制点集的重心，C_2、C_3、C_4 取控制点集主分量分解后的三个主分量，其物方空间坐标系下的坐标为 $\boldsymbol{C}_W^j = (X_W^{jC}, Y_W^{jC}, Z_W^{jC})^{\mathrm{T}}(j=1,2,3,4)$。

（2）求解控制点表示为虚拟控制点的权重。控制点可表示为 4 个虚拟控制点的加权和，使得求解控制点的球形全景像空间坐标时，可通过求解虚拟控制点的球形全景像空间坐标系实现，简化算法复杂度，这也是虚拟控制点存在的意义。

设控制点的齐次坐标为 $\bar{\boldsymbol{P}}_W^i$，虚拟控制点的齐次坐标为 $\bar{\boldsymbol{C}}_W^j$，则二者的转换关系如下：

$$\overline{\boldsymbol{P}}_W^i = \begin{bmatrix} \boldsymbol{P}_W^i \\ 1 \end{bmatrix} = \sum_{j=1}^4 k_{ij} \overline{\boldsymbol{C}}_W^j = \sum_{j=1}^4 k_{ij} \begin{bmatrix} \boldsymbol{C}_W^j \\ 1 \end{bmatrix}, \quad i=1,2,\cdots,n \tag{5-5}$$

由式（5-5）中 $\overline{\boldsymbol{P}}_W^i$ 最后一个齐次坐标 1 的转换关系可知，转换系数满足 $\sum_{j=1}^4 k_{ij}=1$，故称加权和，其中向量 $[k_{i1},k_{i2},k_{i3},k_{i4}]^T$ 为权重，也称为控制点 $\overline{\boldsymbol{P}}_W^i$ 在以虚拟控制点 $\overline{\boldsymbol{C}}_W^i$ 为基的欧氏空间中的坐标，即

$$[k_{i1},k_{i2},k_{i3},k_{i4}]^T = \left[\overline{\boldsymbol{C}}_W^1, \overline{\boldsymbol{C}}_W^2, \overline{\boldsymbol{C}}_W^3, \overline{\boldsymbol{C}}_W^4 \right]^{-1} \overline{\boldsymbol{P}}_W^i \tag{5-6}$$

（3）求解虚拟控制点的球形全景像空间坐标。在球形全景像空间坐标系下，n 个控制点的坐标为 $\boldsymbol{P}_C^i=(X_C^i,Y_C^i,Z_C^i)^T(i=1,2,\cdots,n)$，虚拟控制点的坐标为 $\boldsymbol{C}_C^j=(X_C^{jC},Y_C^{jC},Z_C^{jC})^T$ $(j=1,2,3,4)$，下标 C 表示球形全景像空间坐标系下的坐标，根据欧氏空间的线性不变性，可知在球形全景像空间坐标系下，控制点 $\boldsymbol{P}_C^i$ 和虚拟控制点 $\boldsymbol{C}_C^j$ 满足

$$\boldsymbol{P}_C^i = \sum_{j=1}^4 k_{ij} \boldsymbol{C}_C^j, \quad i=1,2,\cdots,n \tag{5-7}$$

根据控制点坐标 $\boldsymbol{P}_C^i$、像点坐标 $\boldsymbol{P}_C^{i0}=(X_C^{i0},Y_C^{i0},Z_C^{i0})^T(i=1,2,\cdots,n)$ 与球心满足共线条件，即可列出如下 3 个等式：

$$\begin{cases} Y_C^{i0}Z_C^i - Z_C^{i0}Y_C^i = 0 \\ Z_C^{i0}X_C^i - X_C^{i0}Z_C^i = 0 \\ X_C^{i0}Y_C^i - Y_C^{i0}X_C^i = 0 \end{cases} \tag{5-8}$$

n 个控制点根据式（5-8）可列立 $3n$ 个齐次线性方程，共有 $3n$ 个控制点坐标未知量，为减少未知量的个数，将式（5-7）代入式（5-8）可得

$$\begin{cases} Y_C^{i0}\sum_{j=1}^4 k_{ij}Z_C^{jC} - Z_C^{i0}\sum_{j=1}^4 k_{ij}Y_C^{jC} = 0 \\ Z_C^{i0}\sum_{j=1}^4 k_{ij}X_C^{jC} - X_C^{i0}\sum_{j=1}^4 k_{ij}Z_C^{jC} = 0 \\ X_C^{i0}\sum_{j=1}^4 k_{ij}Y_C^{jC} - Y_C^{i0}\sum_{j=1}^4 k_{ij}X_C^{jC} = 0 \end{cases} \tag{5-9}$$

令 4 个虚拟控制点球形全景像空间坐标为 $\boldsymbol{X}=(\boldsymbol{C}_C^{1T},\boldsymbol{C}_C^{2T},\boldsymbol{C}_C^{3T},\boldsymbol{C}_C^{4T})^T$，将像点像平面坐标已知值代入式（5-3）可得像点球形全景像空间坐标 $\boldsymbol{P}_C^{i0}$，则式（5-9）中仅有 $\boldsymbol{X}$ 为未知量。n 个控制点根据式（5-9）可列成含 $3n$ 个方程的方程组矩阵形式有

$$\boldsymbol{MX} = 0 \tag{5-10}$$

则矩阵 $\boldsymbol{M}$ 的核空间即为未知量 $\boldsymbol{X}$ 的解

$$\boldsymbol{X} = \sum_{j=1}^N \delta_j V_j \tag{5-11}$$

其中：V_j 为 $\boldsymbol{M}^T\boldsymbol{M}$ 零特征值的特征向量；N 为 $\boldsymbol{M}^T\boldsymbol{M}$ 核空间的维数；δ_j 为未知值。根据欧氏变换的保距性，4 个虚拟控制点相互间的距离公式

$$\left\| \boldsymbol{C}_C^i - \boldsymbol{C}_C^j \right\| = \left\| \boldsymbol{C}_W^i - \boldsymbol{C}_W^j \right\|, \quad i, j = 1, 2, 3, 4 \tag{5-12}$$

将式（5-11）代入式（5-12）即可得含 12 个方程的方程组，利用最小二乘原理可解得未知值 δ_j（为提高精度可以此为初值进行高斯牛顿迭代，δ_j 通常可快速收敛），即求得 4 个虚拟控制点的球形全景像空间坐标 $\boldsymbol{C}_C^i$，从而根据式（5-6）解算出来的权重向量 $[k_{i1}, k_{i2}, k_{i3}, k_{i4}]^{\mathrm{T}}$ 获得 n 个控制点的球形全景像空间坐标 $\boldsymbol{P}_C^j$。

（4）求解球形全景像空间坐标系相对于物方空间坐标系的旋转矩阵 $\boldsymbol{R}$ 和平移向量 $\boldsymbol{T}$。根据 $\boldsymbol{P}_W^i$、$\boldsymbol{P}_C^i$ 满足

$$\boldsymbol{P}_W^i = \boldsymbol{R} \boldsymbol{P}_C^i + \boldsymbol{T}, \quad i = 1, 2, \cdots, n \tag{5-13}$$

可通过绝对定向算法直接解算球形全景像空间坐标系相对于物方空间坐标系的旋转矩阵 $\boldsymbol{R}$ 和平移向量 $\boldsymbol{T}$（球形全景影像外参数）。首先，将 $\boldsymbol{P}_W^i$、$\boldsymbol{P}_C^i$ 分别重心化为 $\boldsymbol{P}_{W0}^i = (X_{W0}^i, Y_{W0}^i, Z_{W0}^i)^{\mathrm{T}}$、$\boldsymbol{P}_{C0}^i = (X_{C0}^i, Y_{C0}^i, Z_{C0}^i)^{\mathrm{T}}$，有

$$\boldsymbol{P}_{W0}^i = \boldsymbol{P}_W^i - \frac{1}{n} \sum_{i=1}^{n} \boldsymbol{P}_W^i, \quad \boldsymbol{P}_{C0}^i = \boldsymbol{P}_C^i - \frac{1}{n} \sum_{i=1}^{n} \boldsymbol{P}_C^i, \quad i = 1, 2, \cdots, n \tag{5-14}$$

通过使 $\sum_{i=1}^{n} (\boldsymbol{P}_{W0}^i)^{\mathrm{T}} \cdot (\boldsymbol{R} \boldsymbol{P}_{C0}^i) = \sum_{i=1}^{n} \mathrm{tr}\left((\boldsymbol{R} \boldsymbol{P}_{C0}^i) \cdot (\boldsymbol{P}_{W0}^i)^{\mathrm{T}} \right) = \mathrm{tr}\left(\boldsymbol{R} \sum_{i=1}^{n} \boldsymbol{P}_{C0}^i \cdot (\boldsymbol{P}_{W0}^i)^{\mathrm{T}} \right)$ 最大化，求得旋转矩阵 $\boldsymbol{R}$，进而求得平移向量 $\boldsymbol{T}$。

利用 SVD 求解上述问题中最优的 $\boldsymbol{R}$。为此，定义矩阵

$$\boldsymbol{A} = \sum_{i=1}^{n} \boldsymbol{P}_{W0}^i (\boldsymbol{P}_{C0}^i)^{\mathrm{T}} \tag{5-15}$$

$\boldsymbol{A}$ 是一个 3×3 的矩阵，对 $\boldsymbol{A}$ 进行 SVD 分解，得 $\boldsymbol{A} = \boldsymbol{U} \boldsymbol{\varSigma} \boldsymbol{V}^{\mathrm{T}}$，其中，$\boldsymbol{\varSigma}$ 为奇异值组成的对角矩阵；$\boldsymbol{U}$ 和 $\boldsymbol{V}$ 为对角矩阵。当 $\boldsymbol{A}$ 为满秩时，$\boldsymbol{R} = \boldsymbol{V} \boldsymbol{U}^{\mathrm{T}}$，求得 $\boldsymbol{R}$ 后，按下式求解 $\boldsymbol{T}$。

$$\boldsymbol{T} = \frac{1}{n} \sum_{i=1}^{n} \boldsymbol{P}_w^i - \boldsymbol{R} \frac{1}{n} \sum_{i-1}^{n} \boldsymbol{P}_C^i \tag{5-16}$$

5.1.3 配准参数变换和统一参考系

将众源影像自由网平差得到的物方点，作为控制点来构建全景影像的共线方程，使用改进 EPnP 算法解算全景影像在控制点坐标系下的外参数 $\boldsymbol{R}$、$\boldsymbol{T}$，再对全景影像进行 $\boldsymbol{R}$、$\boldsymbol{T}$ 变换，使其变换到控制点物方空间坐标系下，便可实现众源影像与全景影像的坐标系统一，即完成众源影像与全景影像的配准。

5.2 众源影像与地图数据的配准

众源影像作为一种非专业大众数据，对其进行精确地理定位（geo-reference）是将其应用于测绘遥感专业领域中的关键。智能手机等移动设备拍摄的众源影像，虽然其 Exif

信息头中集成了 GNSS 传感器记录的拍照时的经纬坐标信息,但是其定位信息精度较低。以地图数据为辅助,将众源影像多视立体匹配生成的建筑物点云与矢量地图上的建筑物轮廓进行配准,是一种可行的众源影像精确地理定位方法。OpenStreetMap 是近年来兴起的一个网上协作地图数据集,是获取具有地理坐标的建筑物矢量轮廓的理想方式。

5.2.1　OpenStreetMap 概述与数据采集

OpenStreetMap(简称 OSM)是一个网上地图协作计划,目标是创造一个内容自由、免费开源,且能让所有人在线编辑的免费世界地图。OpenStreetMap 项目是 2004 年 7 月由 Steve Coast 率先在英国伦敦大学创建并发起的,其致力于创建和提供免费地图与地理信息数据,一直以来用类似于维基百科的方式接受志愿者贡献的地理数据,并向各种地图数据的用户提供数据下载和 API 调用服务。随着 OpenStreetMap 项目影响力的逐步扩大和基于位置的服务(location-based service,LBS)应用的火热,创始人 Steve Coast 于 2010年被聘为微软必应的首席架构师。目前,必应地图中所有更新的卫星影像数据都能在OpenStreetMap 中访问。2012 年,苹果、Foursquare、维基百科公司均相继放弃使用谷歌地图,转向使用 OpenStreetMap 地图。在创始人的推动下,OpenStreetMap 网站目前已成为全球最大的地理数据共享网站,OpenStreetMap 的在线注册用户数从最初(2005 年 8 月)的十几人迅速增长至 2010 年 8 月的近 28 万人,至 2015 年 9 月已拥有超过 100 万个注册用户和众多活跃的地图数据贡献者。可以预见的是,在 LBS 的热潮下,OpenStreetMap 项目将为地图数据的用户带来更好的体验,为应用开发者创造更大的价值,其用户数量仍将保持迅速增长的态势(单杰 等,2016)。

OpenStreetMap 网站的设计思想类似于维基百科网站,如地图页的"编辑"按钮及完整的修订历史等功能模块。OpenStreetMap 项目通过该网站向公众提供的主要功能如下:地图浏览、地图数据在线编辑、历史编辑记录查询、地图数据输出、GPS 轨迹数据上传与查询、注册用户日记发表、帮助中心等,其网站主界面如图 5-4 所示。用户只要通过账户免费注册与登录,即享有上传 GPS 轨迹数据(GPX 格式)、查看基础地图数据、基于捐献及免费的影像数据完成数据矢量化制作及在线编辑数据等操作权限。用户在线编辑依据的参考数据包括:雅虎和微软等公司提供的航空影像、Landsat 卫星影像、汽车导航公司AND 捐赠的整套荷兰及中国和印度主干道路的数据、美国 TIGER 数据、普通用户上传的GPS 轨迹数据等,用户还可以单靠对目标区域的熟悉程度及自身具有的空间知识完成绘制。由此可见,OpenStreetMap 矢量数据编辑时参考数据众多,从这个角度可见其"众源"特点。非营利性是 OpenStreetMap 的一个重要特点,它利用公众集体的力量和无偿的贡献来改善地图相关的地理数据,并回馈给社区重新用于其他的产品与服务。2010 年海地大地震中,OpenStreetMap 极大地提高了地面搜救小队的工作效率[①]。

---

① 引自:https://wiki.openstreetmap.org/wiki/WikiProject_Haiti/Earthquake_map_resources

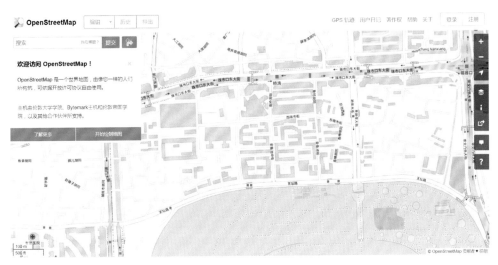

图 5-4 OpenStreetMap 网站主界面[①]

OpenStreetMap 网站中基于浏览器的在线地图数据编辑工具包括 iD（图 5-5）和 Potlatch。此外，还有 JOSM（图 5-6）和 Merkaartor。这些地图数据编辑工具界面友好、编辑方便，极大地促进了用户对地理数据采集的贡献。

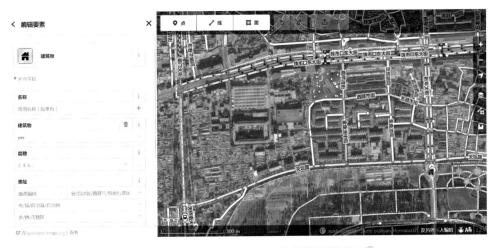

图 5-5 OpenStreetMap 矢量数据编辑器界面[①]

图 5-5 所示为 iD 编辑器。用户在使用 iD 编辑器编辑过程中可以参考卫星影像、其收集的 GPS 轨迹数据及编辑者的经验等信息，左上角的点、线、面可以用来选择编辑要素的空间类型，其中点可用于编辑兴趣点，线可用于编辑路网数据，面主要用于编辑面状物体，如建筑物、农田、草坪等地物。以编辑道路为例，编辑过程中，可以添加节点以实现道路的弯曲[②]。

① 引自：http://www.openstreetmap.org
② 引自：https://learnosm.org/en/hot-tips/tracing-rectangular-buildings/

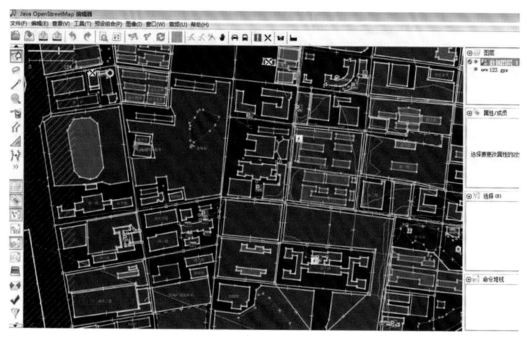

图 5-6　JOSM-OpenStreetMap 矢量数据编辑器界面①

　　OpenStreetMap 数据的采集与制作主要是由业余者完成,这不同于传统的专业数据生产过程。这些数据生产者往往不接受或很少接受数据生产质量控制的相关培训。数据提供者会更多地去注意自身的兴趣点,数据生成过程也相对比较独立,参与者也会缺乏数据质量控制的意识,其生产的数据可能存在相对较大的精度不高、数据冗余等问题。因此,在把 OpenStreetMap 数据作为原始数据源来开展广泛的应用与研究之前,质量分析和数据预处理往往是不可或缺的。很多专家和研究者对这方面有着清晰的认识,因此开发了专门的软件工具用来检测 OpenStreetMap 数据的质量问题,并把数据中存在的错误信息反馈给用户,以方便做相应的修改,如 ESRI 公司开发的 ArcGIS Editor for OpenStreetMap 的插件,这在一定程度上促进了对 OpenStreetMap 数据质量的保证。

　　也有些地区的 OpenStreetMap 数据被证明精度和质量尚可,例如英国、希腊、德国等国家对 OpenStreetMap 数据进行质量评估时,结果均显示 OpenStreetMap 数据有较好的位置精度和属性精度（Ludwig et al.，2011；Ather，2009；Kounadi，2009）。

5.2.2　OpenStreetMap 数据的获取

　　一直秉承自由开放、用户友好理念的 OpenStreetMap 提供了多种数据下载方式,以满足用户不同的需求。目前,OpenStreetMap 数据下载主要有以下几种方式（单杰 等,2017）。

---

① 引自：http://www.openstreetmap.org

（1）官方网站文件下载。OpenStreetMap 完整的数据集可以从官方网站（http://planet. OpenStreetMap.org）免费下载。这种方式下载的数据包括 OpenStreetMap 地图的所有节点、路线、标记、关系等，它的更新频率是每周一次。

（2）JOSM、Merkaartor、Osmosis 等软件下载。以 JOSM 为例，通过 JOSM 提供的桌面 Java 编辑接口，用户可以方便地下载并渲染感兴趣区域里的 OpenStreetMap 数据。甚至可对数据进行可视化等操作。但该方法要求直接将数据加载到内存，数据是否能成功下载取决于指定范围内数据量的大小、本地计算机内存及处理能力。因为该方式还不适用于大批量的数据下载。

（3）调用地图 API。OpenStreetMap 官方为其地图编辑提供了 REST 风格的 API 服务，其中不乏一些可以用来获取其数据 API。例如，用户可以指定区域经纬度坐标形成包络矩形以构建 URL。然后直接在浏览器中输人链接地址即可进行数据的下载。例如，在浏览器地址栏中输入以下 URL 可以获取对应经纬框内的 OpenStreetMap 数据：http://api. OpenStreetMap. org/api/0.6/map? bbox=ll.54, 48.14, 11.543, 48.145。其中，"bbox="之后的参数含义依次是：最小经度，最小纬度，最大经度，最大纬度。由此，用户可以先确定感兴趣区域的经纬度坐标，随后调用上述 API 的方法来获取 OpenStreetMap 数据。但是在请求数据量大的情况下，该数据获取方式的效果并不太好。

（4）第三方网站。以 Geofabrik 为例，其官方网站上提供了 OpenStreetMap 免费数据的下载，包含各个国家的 OpenStreetMap XML 数据、XML 转换后的 Shapefile 数据。同时，它还提供了经过一定处理的收费数据，以及为用户提供私人定制地图的开发。

上述四种 OpenStreetMap 数据获取方式，均可下载 OpenStreetMap 数据。其中，第四种下载方式较为直接方便。

5.2.3　众源影像与 OpenStreetMap 的配准

第 3 章介绍了从众源影像恢复目标三维信息的 SfM 方法的原理。利用当前的 SfM 技术可以快速、精确地恢复目标建筑物的三维信息，生成密集的建筑物三维点云。该点云与 OSM 上的建筑物矢量轮廓在顶视图轮廓上具有一定相似性，这种相似性为众源影像和 OSM 地图矢量的配准提供了可能性。下面以武汉大学信息管理学院大楼的众源影像与从 OSM 上得到的该建筑物的矢量轮廓的配准为例，阐述该配准过程。

1. 基于众源影像的建筑物点云生成

数量众多的众源影像，为建筑物立面的完整重建创造了条件。但是其中包含了一定数量的与目标建筑物无关的影像，这些影像参与到 SfM 过程中将大大增加耗费的时间。为此，可根据目标建筑物位置，利用照片的 GPS 坐标和电子罗盘方向筛选照片。如图 5-7 所示，照片的指向（红色）与照片、多照片中心的连线较大（如大于 120°）时，可认为该照片拍摄的不是目标建筑物。

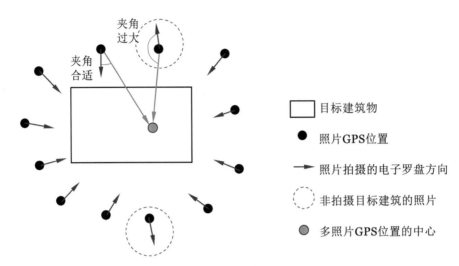

图 5-7　针对目标建筑物的众源影像筛选（Zhang et al., 2016）

对于多人通过手机、单反相机在武汉大学信息管理学院大楼附近拍摄的众源影像集，剔除了部分无关影像后的共 121 张影像，利用 VisualSfM 等工具可生成建筑物的密集点云如图 5-8 所示。

（a）众源影像　　　　　　　　　　　（b）目标建筑物轮廓

图 5-8　众源影像生成建筑物三维点云示例（武汉大学信息管理学院大楼）

为了配准众源影像与矢量地图数据，建筑物轮廓提取需要分别从众源影像生成的建筑物点云和 OSM 上获取。

1）OSM 建筑物轮廓获取

从 OpenStreetMap 上可下载得到目标建筑物（武汉大学信息管理学院大楼）的轮廓，如图 5-9 所示。通过下载工具可获得目标建筑物各个角点的经纬坐标，以及建筑物的高程信息。通过角点坐标可进一步插值出建筑物轮廓上的其他点坐标，最终以点集的形式描述从 OSM 获取的建筑物轮廓。

图 5-9　OpenStreetMap 建筑物示例

2）影像点云轮廓获取

由于 SfM 生成的建筑物影像点云存在于局部坐标系中,需要先将其旋转成竖直方向,然后才能得到精确的建筑物外轮廓。

假设 N_{p_i} 表示影像点云 P 上点 p_i 的法线,首先将相机位置拟合出的平面的法线方向 N_{up} 作为竖直方向的初始值,然后剔除满足 $|N_{p_i} \times N_{up}| > 0.3$ 的影像立面点云上的点。再用 RANSAC 的方法从剔除后的影像点云上随机取两个点,又乘得到竖直方向 $N_{up_{ij}}$,然后将 $N_{up_{ij}}$ 与每个点的法向量求点积,统计点积小于 0.1 的点个数,点个数最多时的 $N_{up_{ij}}$ 即为最终确定的竖直方向。

$$N_{up} = \mathrm{RANSAC}(N_{pi} \times N_{pj})(p_i, p_j \in P, i \neq j) \tag{5-17}$$

按照该竖直方向转正后,即可得到摆正的建筑物影像点云,将其投影到水平面上,即可得到建筑物外轮廓（图 5-10）。

图 5-10　点云建筑物外轮廓提取示意图

2. 点集配准方法

在计算机视觉和模式识别中,点集配准是找到对齐两个点集的空间变换的过程,可用于目标识别和增强现实等。找到这种变换的目的包括多数据集融合、识别特征和估计其姿态等。为了在图像处理和基于特征的图像配准中使用,点集可以是从图像中提取的特征，例如拐角点，也可以是激光扫描数据。

Besl 等（1992）介绍了一种高层次的基于自由形态曲面的配准方法，也称为迭代最邻近点法（iterative closest point，ICP）。以点集对点集（point set to point set，PSTPS）配准方法为基础，他们阐述了一种曲面拟合算法，该算法是基于四元数的点集到点集配准方法。从测量点集中确定其对应的就近点点集后，运用 Faugeras 等（1983）提出的方法计算新的邻近点点集。用该方法进行迭代计算，直到残差平方和所构成的目标函数值不变，结束迭代过程。ICP 主要用于解决基于自由形态曲面的配准问题。基准点在图像坐标系及世界坐标系下的坐标点集 $P=\{P_i, i=0,1,2,\cdots,k\}$ 及 $U=\{U_i, i=0,1,2,\cdots,n\}$。其中，$P$ 与 U 元素间不必存在一一对应关系，元素数目亦不必相同，设 $k \geq n$。配准过程就是求取两个坐标系间的旋转和平移变换矩阵，使得来自 P 与 U 的同源点间距离最小。其过程如下。

（1）计算最近点，即对于集合 U 中的每一个点，在集合 P 中都找出距该点最近的对应点，设集合 P 中由这些对应点组成的新点集为 $Q=\{Q_i, i=0,1,2,\cdots,n\}$。

（2）采用最小均方根法，计算点集 U 与 Q 之间的配准，得到配准变换矩阵 R、T，其中 R 是 3×3 的旋转矩阵，T 是 3×1 的平移矩阵。

（3）计算坐标变换，即对于集合 U，用配准变换矩阵 R、T 进行坐标变换，得到新的点集 U_1，即 $U_1 = RU + T$。

（4）计算 U_1 与 Q 之间的均方根误差，若小于预设的极限值，则结束；否则，以点集 U_1 替换 U，重复上述步骤。

利用上述点集配准方法，可对影像点云生成的建筑物轮廓和 OSM 获取的建筑物轮廓进行配准，最终将影像点云与地图数据进行配准（图 5-11）。

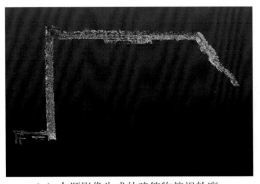
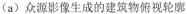
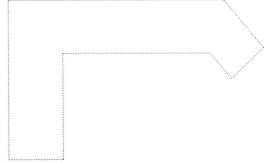

（a）众源影像生成的建筑物俯视轮廓　　　　　（b）OpenStreetMap 获取的建筑物轮廓

图 5-11　影像点云和 OpenStreetMap 两种数据获取的建筑物轮廓

5.3　众源影像与街景模型的配准

线特征通常用两个端点或一个端点和方向向量来表示，常见物体以及城市建筑上分布着大量线特征。线特征具有容易提取、抗噪声能力强、约束性高等优点，适于作为多源数据配准的约束条件。街景模型中存在着大量 3D 矢量线,比如道路、建筑轮廓线等,可作为街景模型与众源影像配准的线特征。

因此,将众源影像中的 2D 线特征与街景模型已有或提取的 3D 线特征作为配准基元,相应的配准方法可称为基于线特征的 2D-3D 配准方法,可用于实现众源影像与街景模型的配准。

5.3.1　2D-3D 线特征配准的函数模型

2D-3D 线特征配准不仅可以利用点特征之间配准的特性,同时还具备线特征之间独有的共面与垂直的特点,综合利用这些特性,可以实现线特征之间的配准。

理想的光学成像模型

$$
\begin{cases}
\boldsymbol{P}_{pi} = \boldsymbol{K}_{3\times3}\boldsymbol{P}_{ci} \\
\boldsymbol{P}_{ci} = \boldsymbol{R}_{3\times3}\boldsymbol{P}_{wi} + \boldsymbol{T}_{3\times1} \\
\boldsymbol{T}_{3\times1} = \begin{bmatrix} t_x, t_y, t_z \end{bmatrix}^{\mathrm{T}}
\end{cases}
\tag{5-18}
$$

式(5-18)也是基于点特征的 2D-3D 配准方法的函数模型,其中 $\boldsymbol{P}_{pi}$ 是像点在影像坐标系下的坐标,$\boldsymbol{K}_{3\times3}$ 为相机的内参数矩阵,相当于摄影测量中的内方位元素,其与光学畸变参数可以通过相机标定一起求得,$\boldsymbol{R}_{3\times3}$、$\boldsymbol{T}_{3\times1}$ 分别是物方坐标系到相机坐标系的旋转矩阵和平移向量,相当于摄影测量中的外方位元素,也是一般 2D-3D 配准问题的待求参数。

基于线特征的 2D-3D 配准方法,描述如下。

如图 5-12 左上部分所示,三维直角坐标系下任意一条直线的参数为 $\boldsymbol{L}_i = \{\boldsymbol{p}_i, \boldsymbol{v}_i\}$,其中 $\boldsymbol{p}_i$ 为该直线上任一点的三维坐标,$\boldsymbol{v}_i$ 为该直线的单位方向向量,$\boldsymbol{L}_i$ 上任意一点的坐标为 $\boldsymbol{p}'_i = \boldsymbol{p}_i + \lambda\boldsymbol{v}_i$,其中 λ 是任意实数。如图 5-12 所示左下部分所示,物方坐标系(世界坐标系或激光扫描坐标系)下某一条直线的参数为 $\boldsymbol{L}_{wi} = \{\boldsymbol{p}_{wi}, \boldsymbol{v}_{wi}\}$,$\boldsymbol{p}_{wi} = [X_i\ Y_i\ Z_i]^{\mathrm{T}}$,$\boldsymbol{v}_{wi} = [A_i\ B_i\ C_i]^{\mathrm{T}}$,该直线的方程为 $A_iX + B_iY + C_iZ + D_i = 0$。如图 5-12 所示右下部分所

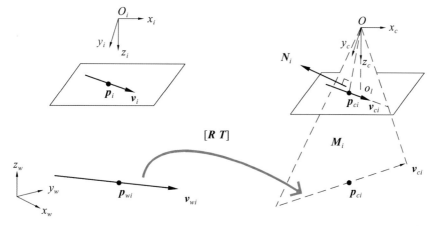

图 5-12　基于线特征的 2D-3D 配准原理

示，相机坐标系下某一条直线的参数为 $L_{ci} = \{p_{ci}, v_{ci}\}$，$p_{ci} = [x_i \quad y_i \quad f]^T$，$v_{ci} = [a_i \quad b_i \quad c_i]^T$，即该直线的方程为 $a_i x + b_i y + c_i z + d_i = 0$。

对于任意一组同名 2D-3D 直线 L_{ci}、L_{wi}，物方直线 L_{wi} 经 $R_{3\times3}$、$T_{3\times1}$ 变换后转换到相机坐标系下，得到直线 $L_{ci\_} = \{p_{ci\_}, v_{ci\_}\}$。由于 L_{wi} 与 L_{ci} 是同名直线，根据相机成像原理，$L_{ci\_}$ 与相机坐标系下的直线 L_{ci} 以及相机投影中心 O 共面，记该平面为 M_i，M_i 的法向量记为 N_i。该共面条件是基于线特征的 2D-3D 配准问题的基本条件，具体包含两个约束条件：

（1）L_{wi} 的方向向量 v_{wi} 经过旋转矩阵 $R_{3\times3}$ 变换后得到的在相机坐标系下的方向向量 $v_{ci\_}$ 与 N_i 垂直；

（2）L_{wi} 上的任一点 p_{wi} 经过 $R_{3\times3}$、$T_{3\times1}$ 变换后得到的在相机坐标系下的点 $p_{ci\_}$ 到平面 M_i 的距离为零，即满足平面 M_i 的方程。

用方程表示上述两个约束条件：

$$\begin{cases} N_i^T v_{ci\_} = 0 \\ N_i^T p_{ci\_} = 0 \end{cases} \tag{5-19}$$

又因为

$$\begin{cases} v_{ci\_} = R_{3\times3} v_{wi} \\ p_{ci\_} = R_{3\times3} p_{wi} + T_{3\times1} \end{cases} \tag{5-20}$$

则得到

$$\begin{cases} N_i^T R_{3\times3} v_{wi} = 0 \\ N_i^T (R_{3\times3} p_{wi} + T_{3\times1}) = 0 \end{cases} \tag{5-21}$$

式（5-21）即是基于线特征的 2D-3D 配准算法的函数模型。

记平面 M_i 的法向量 $N_i = \begin{bmatrix} N_{i1} \\ N_{i2} \\ N_{i3} \end{bmatrix}$，则平面 M_i 在相机坐标系下的方程为

$$N_{i1} x + N_{i2} y + N_{i3} z + N_{i4} = 0 \tag{5-22}$$

平面 M_i 的法向量 N_i 可以基于相机主距 f 以及 $L_{ci} = \{p_{ci}, v_{ci}\}$ 求得。由于

$$P_{ci} = \begin{bmatrix} x_i \\ y_i \\ f \end{bmatrix}, \quad v_{ci} = \begin{bmatrix} a_i \\ b_i \\ c_i \end{bmatrix} \tag{5-23}$$

$$N_i = \begin{bmatrix} N_{i1} \\ N_{i2} \\ N_{i3} \end{bmatrix} = P_{ci} \times v_{ci} = \begin{bmatrix} x_i \\ y_i \\ f \end{bmatrix} \times \begin{bmatrix} a_i \\ b_i \\ c_i \end{bmatrix} = \begin{bmatrix} y_i c_i - b_i f \\ a_i f - x_i c_i \\ x_i b_i - a_i y_i \end{bmatrix} \tag{5-24}$$

又由于相机投影中心 $O = [0,0,0]^T$ 在平面 M_i 上，代入式（5-22）得到 $N_{i4} = 0$，则平面 M_i 的方程为

$$(y_i c_i - b_i f) x + (a_i f - x_i c_i) y + (x_i b_i - a_i y_i) z = 0 \tag{5-25}$$

联立式（5-21）、式（5-24）得

$$
\begin{cases}
N_{i1}A_iR_{11} + N_{i1}B_iR_{12} + N_{i1}C_iR_{13} + N_{i2}A_iR_{21} + N_{i2}B_iR_{22} + N_{i2}C_iR_{23} \\
+ N_{i3}A_iR_{31} + N_{i3}B_iR_{32} + N_{i3}C_iR_{33} = 0 \\
N_{i1}X_iR_{11} + N_{i1}Y_iR_{12} + N_{i1}Z_iR_{13} + N_{i2}X_iR_{21} + N_{i2}Y_iR_{22} + N_{i2}Z_iR_{23} \\
+ N_{i3}X_iR_{31} + N_{i3}Y_iR_{32} + N_{i3}Z_iR_{33} + (N_{i1}t_x + N_{i2}t_y + N_{i3}t_z) = 0
\end{cases}
\tag{5-26}
$$

即

$$
\begin{cases}
\begin{bmatrix}
N_{i1}A_i & N_{i1}B_i & N_{i1}C_i & N_{i2}A_i & N_{i2}B_i & N_{i2}C_i & N_{i3}A_i & N_{i3}B_i & N_{i3}C_i & 0 & 0 & 0 \\
N_{i1}X_i & N_{i1}Y_i & N_{i1}Z_i & N_{i2}X_i & N_{i2}Y_i & N_{i2}Z_i & N_{i3}X_i & N_{i3}Y_i & N_{i3}Z_i & N_{i1} & N_{i2} & N_{i3}
\end{bmatrix} * \boldsymbol{L} = 0 \\
\boldsymbol{L} = \begin{bmatrix} R_{11} & R_{12} & R_{13} & R_{21} & R_{22} & R_{23} & R_{31} & R_{32} & R_{33} & t_x & t_y & t_z \end{bmatrix}^{\mathrm{T}}
\end{cases}
\tag{5-27}
$$

其中：$\boldsymbol{L}$ 为待求配准参数；$R_{11}\cdots R_{33}$ 为旋转矩阵 $\boldsymbol{R}$ 的 9 个元素，由于 $\boldsymbol{R}$ 是正交矩阵，$R_{11}\cdots R_{33}$ 相互之间并不独立。

5.3.2　基于 PnL 算法的配准关系解算

PnL（perspective-n-lines）算法是指基于 n 组 2D-3D 线特征的位置和姿态估计方法，可以应用于很多 2D-3D 配准问题。

设单位四元数 $\boldsymbol{q} = q_0 + q_1 i + q_2 j + q_3 k$，旋转矩阵 $\boldsymbol{R}_{3\times3}$ 可用单位四元数表示如下：

$$
\boldsymbol{R} = \begin{bmatrix}
q_0^2 + q_1^2 - q_2^2 - q_3^2 & 2(q_1q_2 + q_3q_0) & 2(q_1q_2 + q_3q_0) \\
2(q_1q_2 - q_3q_0) & q_0^2 - q_1^2 + q_2^2 - q_3^2 & 2(q_2q_3 + q_1q_0) \\
2(q_1q_3 + q_2q_0) & 2(q_2q_3 - q_1q_0) & q_0^2 - q_1^2 - q_2^2 + q_3^2
\end{bmatrix}
\tag{5-28}
$$

另有

$$
\boldsymbol{p}_{wi} = \begin{bmatrix} X_i \\ Y_i \\ Z_i \end{bmatrix}, \quad
\boldsymbol{v}_{wi} = \begin{bmatrix} A_i \\ B_i \\ C_i \end{bmatrix}, \quad
\boldsymbol{p}_{ci} = \begin{bmatrix} x_i \\ y_i \\ z_i \end{bmatrix}, \quad
\boldsymbol{v}_{ci} = \begin{bmatrix} a_i \\ b_i \\ c_i \end{bmatrix}
\tag{5-29}
$$

则对于 n 组直线对，可组成 $2n$ 个约束方程

$$
\begin{cases}
\boldsymbol{M L} = 0 \\
\boldsymbol{M} = \begin{bmatrix}
a_{11} & a_{12} & a_{13} & a_{14} & a_{15} & a_{16} & a_{17} & a_{18} & a_{19} & a_{110} & 0 & 0 & 0 \\
b_{11} & b_{12} & b_{13} & b_{14} & b_{15} & b_{16} & b_{17} & b_{18} & b_{19} & b_{110} & b_{111} & b_{112} & b_{113} \\
\vdots & \vdots & \vdots & \vdots & \vdots & \vdots & \vdots & \vdots & \vdots & \vdots & \vdots & \vdots & \vdots \\
a_{n1} & a_{n2} & a_{n3} & a_{n4} & a_{n5} & a_{n6} & a_{n7} & a_{n8} & a_{n9} & a_{n10} & 0 & 0 & 0 \\
b_{n1} & b_{n2} & b_{n3} & b_{n4} & b_{n5} & b_{n6} & b_{n7} & b_{n8} & b_{n9} & b_{n10} & b_{n11} & b_{n12} & b_{n13}
\end{bmatrix} \\
\boldsymbol{L} = \begin{bmatrix} q_0q_1 & q_0q_2 & q_0q_3 & q_1q_2 & q_1q_3 & q_2q_3 & q_0^2 & q_1^2 & q_2^2 & q_3^2 & t_x & t_y & t_z \end{bmatrix}^{\mathrm{T}}
\end{cases}
\tag{5-30}
$$

式中：a_{ij}、b_{ij} 为 $\boldsymbol{p}_{wi}$、$\boldsymbol{v}_{wi}$、$\boldsymbol{p}_{ci}$、$\boldsymbol{v}_{ci}$ 的函数；$\boldsymbol{L}$ 为 $2n$ 行 13 列的系数矩阵，$\boldsymbol{L}$ 为 13 个未知数组成的列向量，由于 $|q|=1$，$\boldsymbol{L}$ 的前 10 个元素相互之间不独立。

先将未知数向量 $\boldsymbol{L}$ 中的元素当做独立的参数，则该方程有 13 个未知数。本节采用奇

异值分解法来求解（式 5-30）的基础解系，公式如下：

$$M = UDV^{\mathrm{T}}$$

$$D = \begin{bmatrix} \lambda_1 & & \\ & \ddots & \\ & & \lambda_{13} \end{bmatrix}$$ （5-31）

式中：D 为 M 的奇异值（也是 $M^{\mathrm{T}}M$ 和 MM^{T} 非零特征值的平方根）组成的 13 阶对角矩阵；U、V 分别为 $2n$ 和 13 阶的正交矩阵，V 的每一列是 $M^{\mathrm{T}}M$ 的一个正交单位特征向量，U 的每一列是 MM^{T} 的一个正交单位特征向量。由于 $M^{\mathrm{T}}M$ 的最小特征值对应的特征向量为 L 的 13 个参数的最小二乘解，对 D 对角线上的元素从大到小排列，则其最小奇异值对应的 V 的最后一列即是 L 的 13 个参数。

对于式（5-30），用其基础解系表示其通解如下：

$$L = \sum_{i=1}^{m} \lambda_i v_i, \quad v_i = \left[\xi_{i1}, \xi_{i2}, \cdots, \xi_{i10} \right]^{\mathrm{T}}$$ （5-32）

式中：m、v_i、λ_i 分别为基础解的个数、第 i 个基础解及其对应的系数，若式（5-28）有 S 个独立方程，则 $m = 13 - S$。由于 $L_{13 \times 1}$ 的前 10 个元素是旋转参数，可以先计算 $L_{13 \times 1}$ 的前 10 个元素，表达式如下：

$$L_{13 \times 1}(1:10) = \sum_{i=1}^{m} \lambda_i v_i(1:10)$$ （5-33）

式中：$L_{13 \times 1}(1:10)$ 为 $L_{13 \times 1}$ 的前 10 个元素；$v_i(1:10)$ 为每个基础解系的前 10 个元素。v_i 已经求出，此时需要求解 10 个系数。

由于 L 中的前 10 个元素事实上并非相互独立，它们之间是相关的，可以利用这种相关性建立 10 个系数之间的约束方程，通过 SVD 方法求解 10 个系数后即得到 L 的前 10 个元素，即是旋转矩阵 R 的四元数表示方法，代入前述方程即可解求平移向量 T，经过转换即得到摄影测量中常用的外方位元素。

5.3.3 配准参数变换和统一参考系

利用 5.3.2 小节求取的 R 和 T 对众源影像进行变换使其变换到地理参考系下，实现众源影像与街景模型的坐标系统一，即完成了众源影像与街景模型的配准。图 5-13 是众源影像与街景模型配准的两个示例。具体是基于航空影像实现半自动单体化，二维、三维作业联动；并通过筛选地面手持照片，与航空影像大范围尺度变化下的配准，实现立面纹理的自动映射。

（a）空地联合建模

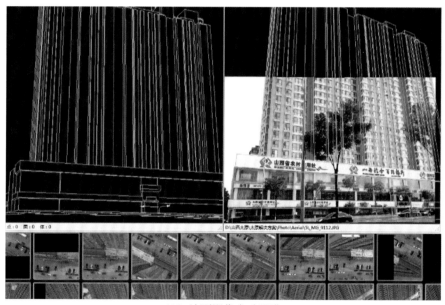

（b）地面影像自动配准

图 5-13　众源影像与街景模型配准结果示意图

5.4　众源影像与激光点云的配准

激光点云是近年来兴起的一种常见测绘遥感数据,其包含了建筑物等物体的精确的三维表面几何信息。众源影像中包含了建筑物等物体的二维表面几何信息。结合众源影像和激光点云两种数据,通过几何配准将两者配准到统一坐标系,是另一种对众源影像进行地理定位的方法。

5.4.1　众源影像与机载激光点云的配准

机载激光扫描时一般集成了 GPS、IMU 等传感器，获取的激光点云一般具有精确的地理坐标。因此，将众源影像生成的建筑物点云与机载激光点云上对应的建筑物点云进行配准，可对众源影像进行精确定位。

由于拍摄视角差异，机载激光点云获取的建筑物点云在屋顶面上较密集而且精确，但是在立面上却非常稀疏或者完全缺失。而在地面拍摄的众源影像一般能拍摄到建筑物的立面，可以重建出精确、密集的建筑物立面但是几乎不能构建出建筑物的屋顶面，因此这两种点云重叠度较小。对于这两种数据的配准，可借鉴 5.2 节众源影像与地图数据配准的思路，即先用众源影像生成建筑物立面点云，然后将其二维建筑物轮廓与机载激光点云提取的建筑物轮廓进行配准（图 5-14）。

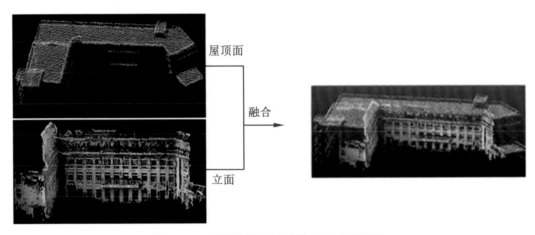

图 5-14　众源影像与机载激光点云的配准

5.4.2　众源影像与地面激光点云的配准

地面激光扫描技术可直接获取建筑物立面的几何信息，并以密集点云的形式表达。与此同时，对于众源影像，可利用多视立体技术获取建筑物立面的几何信息，生成建筑物立面的影像点云。通过将众源影像生成的点云与地面激光扫描的建筑物立面点云进行配准，可将众源影像与地面激光点云配准在一起。由于这是一个典型的点云配准问题，采用 5.2.3 小节中已经介绍的 ICP 算法进行两种点云的配准。

以武汉大学信息管理学院教学楼为例，采集了 6 站地面 LiDAR 点云。由于 ICP 算法需要较好的初值，可通过人工选择少量同名点的方式，选取 5 对两站点云之间明显的边角同名点进行配准，得到完整的立面激光点云，然后将手动配准的结果作为初值，再进行 ICP，对手动配准的结果进行优化，结果如图 5-15 所示，由众源影像生成的点云如图 5-16 所示。

图 5-15　地面 LiDAR 多站拼接结果

图 5-16　众源影像生成的立面点云

同样采用先人工选定初值，再进行 ICP 配准的方法，可将众源影像点云与 LiDAR 点云精确在一起，结果如图 5-17 和图 5-18 所示。

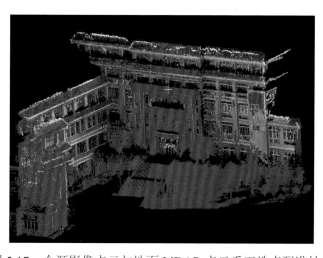

图 5-17　众源影像点云与地面 LiDAR 点云手工选点配准结果

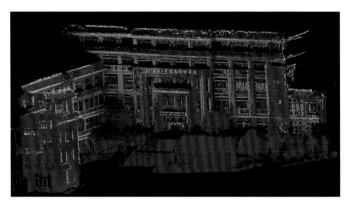

图 5-18　ICP 优化手工选点配准后的结果

5.5　本 章 小 结

　　本章分别介绍了众源影像与全景影像、地图数据、街景模型和激光点云配准的理论和方法。首先，针对全景影像，利用理想成像模型，建立球形全景影像的投影模型，采用改进的 EPnP 算法对配准参数进行解算；其次，介绍了开源地图数据 OpenStreetMap，以及众源影像与开源地图数据的配准；再次，介绍了基于线特征的 2D-3D 配准方法，可用于实现众源影像与街景模型的配准；最后，概述了利用 ICP 算法对众源影像与激光点云进行配准的方法和实验。

参 考 文 献

季顺平, 史云, 2014. 多镜头组合型全景相机两种成像模型的定位精度比较. 测绘学报, 43(12): 1252-1258.

单杰, 贾涛, 黄长青, 等, 2017. 众源地理数据分析与应用. 北京: 科学出版社.

王佩军, 徐亚明, 2005. 摄影测量学. 武汉: 武汉大学出版社.

ATHER A, 2009. A quality analysis of openstreetmap data. London: University College London.

BESL P, MCKAY N, 1992. A method for registration of 3-D shapes. IEEE Trans. Pattern Anal. Mach. Intell. 14: 239-256.

CHETVERIKOV D, 2002. The trimmed iterative closest point algorithm. Pattern Recognition, Proceedings. 16th International Conference on. Vol. 3. IEEE: 545-548.

FAUGERAS O D, HEBERT M, 1983. A 3-D Recognition and positioning algorithm using geometrical matching between primitive surfaces. Proceedings of the Eighth International Joint Conference on Artificial Intelligence, 2: 996-1002.

HORN B K P, HILDEN H M, NEGAHDARIPOUR S, 1988. Closed-form solution of absolute orientation using orthonormal matrices. JOSA A, 5(7): 1127-1135.

KOUNADI O, 2009. Assessing the Quality of OpenStreetMap Data. London: University College London.

LIU Y C, HUANG T S, FAUGERAS O D, 1990. Determination of camera location from 2D To 3D line and point correspondences. IEEE Transactions on PAMI, 12(1): 28-37.

LUDWIG I, VOSS A, KRAUSETRAUDES M, 2011. A Comparison of the Street Networks of Navteq and OSM in Germany// Advancing Geoinformation Science for a Changing World. Berlin: Springer: 65-84.

VINCENT L, FRANCESC M N, PASCAL F, 2009. EPnP: An Accurate O(n) Solution to the PnP Problem. International Journal of Computer Vision, 81(2): 155-166.

XIE C, ZHANG Z, SHAN J, 2016. Technical evaluation for mashing up crowdsourcing images// International Conference on Geoinformatics. IEEE: 1-6.

ZHANG S, SHAN J, ZHANG Z, et al., 2016. Integrating smartphone images and airborne LIDAR data for complete urban building modelling. ISPRS-International Archives of the Photogrammetry, Remote Sensing and Spatial Information Sciences, XLI-B5: 741-747.

第 *6* 章

众源影像建模方法

　　随着并行计算、GPU 加速等计算机软硬件技术的飞速发展，基于大规模城区影像点云的表面重建迅速成为近年来计算机视觉领域研究的热点。商业上涌现出了如 C3 科技（C3 technologies）和 Acute3d（http://www.acute3d.com/）等致力于三维城市快速建模、为基于影像的大规模城区自动化重建提供产品和解决方案的商业化公司。在地图产品上，Bing Map、Google Earth、Nokia map 等也相继推出了基于影像点云重建的三维地图产品，供用户浏览、查询和分析。使用影像重建三维模型的优点是不但能够同时获得重建场景的辐射信息和几何信息，还能够解决部分场景的数据遮挡问题，满足了大规模城区的自动化建模需求。影像点云用于城区三维重建的一般流程包括点云构网、点云分割和纹理映射。本章将分别就这些问题的解决方案进行介绍。

6.1　三维 mesh 的构建

Mesh 是使用三角网格表达摄影对象表面几何形状的一种形式，三维 mesh 构建是指利用离散点云构建三维三角网。理论上，现有的基于离散点云的表面重建算法均可用于建筑物场景点云的表面重建。根据表面重建形式的不同，离散点云的表面重建方法可分为显式重建和隐式重建。常见的显式重建方法有 Delaunay 三角剖分（George et al., 1998）、Alpha-shapes（Bernardini et al., 1999）和 ball-pivoting（Bernardini et al., 1999）算法等。显式重建方法多是通过某种准则将邻近的空间点云连接起来构成连通区域，从而重建目标场景的表面模型。噪声数据较少时，该方式能够较好地重建出目标场景的表面模型。不同于显式重建，隐式重建的方式并不能直接重建出目标点云的表面模型。常见的隐式重建方法有移动最小二乘（Lancaster et al., 1981）、泊松重建（Kazhdan et al., 2006）、径向基核函数（Carr et al., 2001）和水平集（Whitaker, 1998）等。其基本思想是为输入点云构造一个隐式函数，某个函数值对应的几何表面即是要重建目标的表面模型。

6.1.1　基于 Delaunay 三角剖分的表面重建

Delaunay 三角网（triangulated irregular network，TIN）在三维重建中的应用主要有数据的预处理、三维模型的表示和表面重建等。在处理三维点云之前构建 Delaunay 三角网可以建立点云的邻域信息，有助于恢复各三维点之间的简单拓扑关系。而用 Delaunay 三角网进行表面重建，能够较好地处理噪声点甚至异常点，得到明显优于隐式曲面的结果。

在二维情况下，构建 Delaunay 三角网的研究已经比较成熟，但在三维重建中，要处理的却是三维的离散点集，如激光点云或者影像匹配产生的密集点云，对这样含有不同程度噪声、密度不均的三维点云构建 Delaunay 三角网往往需要更加复杂的处理方法。根据是否直接对三维点集进行构网，可以将三维 Delaunay 剖分方法分为在三维空间直接进行三角剖分的算法（直接法）和在投影域进行三角剖分的算法（投影法）。

直接法是指直接在三维空间中利用点与点之间的关系对点集进行构网，主要包括雕刻算法（Edelsbrunner et al., 1994）和表面生长法（Lin et al., 2004；Hoppe et al., 1992）。直接法的优点是用真三维 TIN 较真实地描述对象的表面，但其最大的问题就是在点密度不均匀或存在噪声的情况下，难以判断点与点之间的真正邻接关系，以至于容易出现表面空洞、面片重叠、法向不一致等构网错误。

投影法又称映射法，即基于投影的构网方法为间接法，它通常将局部邻近范围内的点投影到某个面上，再在这个投影二维面上进行三角化。这个面可以是切平面（郑顺义 等，2005；王青 等，2000），也可以是球面（罗周全 等，2015）等。在这个面上利用二维 Delaunay 三角剖分方法进行构网考虑保持局部三角网边缘的一致性，最后将点云间的拓扑关系映射回三维空间，进而拼成整体的三维表面模型（Bolle et al., 1991；Schmitt et al., 1986）。

这类方法将复杂的三维问题简化为二维问题,具有较高的效率,但是其结果依赖于邻域大小的选取(李逢春 等,2006),而且将三维点集平行投影到平面上也容易导致点与点之间的邻接关系判断错误。所以这类方法的研究目标是能使映射到二维平面的点云最大程度地保持三维空间的位置距离信息。

　　Labatut(2009)提出了基于可视性的 Delaunay 表面重建方法构建三维离散点云的 Delaunay 三角剖分。该算法首先对三维离散点云进行 Delaunay 三角网剖分构建空间 Delaunay 四面体,然后根据三维离散点云对应像点观测的视线方向,计算 Delaunay 四面体的可视性,最后利用图割的方法将 Delaunay 四面体划分为外部体和内部体,外部体和内部体相交的中间表面即为 mesh 结果。该算法将 mesh 表面重建问题转化为空间四面体的二值化标记问题(binary labeling problem),利用最小割原理将空间四面体标记为外部体和内部体两部分,相邻的外部体和内部体相交的有向三角面片集合即是待重建的表面模型。

　　可以采用当前十分流行的图割算法解求这个最小割问题。Delaunay 空间四面体二值化标记问题的原理如图 6-1 所示。图中顶点 V 表示空间四面体,s(source)与 t(sink)为终端顶点,分别为源点与汇点,邻域顶点之间的连接边成为 n-links,顶点 s 与终端顶点 t 之间的连接成为 t-links,这样就构成一个 s-t 图,如图 6-1(a)所示。每条连接边之间都有一个连接权值(也称为代价),连接边的权值可根据图 6-1(b)所示确定,对于空间四面体的每一个顶点,与每一个像点观测构成一条视线,这条视线穿过一系列的空间四面体,设为 V1、V2、V3、V4 和 V5,沿着视线路径上相邻的空间四面体组成 s-t 图的连接边 n-link。

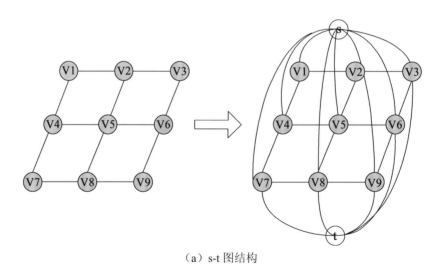

(a)s-t 图结构

图 6-1　基于可视性的 Delaunay 表面重建方法原理

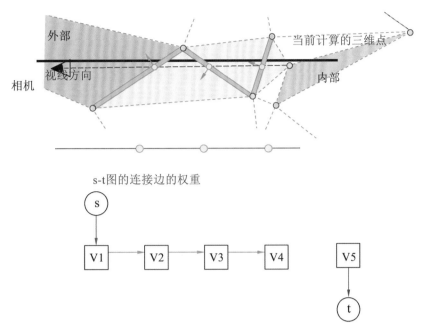

（b）根据空间四面体的可视性构建图的连接边并确定权重

图 6-1 基于可视性的 Delaunay 表面重建方法原理（续）

构建空间四面体 s-t 图后，可使用图割算法计算该最小割问题，得到外部空间四面体与内部空间四面体的集合，通过跟踪内部体与外部体相交的有向三角面片，便可提取待重建物体表面的 mesh。

图 6-2 为陕西省铜川市无人机五视倾斜影像的影像匹配和三维表面重建结果，该区域共 80 张影像，影像地面分辨率为 6 cm。其中图 6-2（a）为经多测度半全局匹配和视差图融合后生成的地面间隔为 30 cm 的空间离散点云结果，图 6-2（b）为采用空间离散点云构建的三维 mesh 整体结果，图 6-2（c）为局部放大的 mesh 结果。

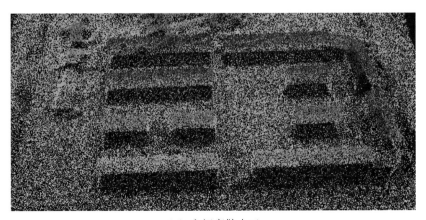

（a）空间离散点云

图 6-2 由倾斜影像的空间离散点云和三维 mesh 重建结果

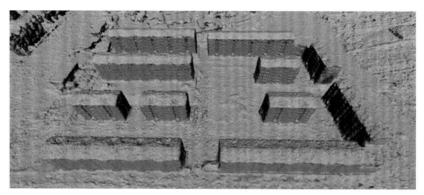

（b）mesh 结果全局图

（c）mesh 结果局部放大图

图 6-2　由倾斜影像的空间离散点云和三维 mesh 重建结果（续）

6.1.2　旋转球算法

1. 主要思想

旋转球算法（ball-pivoting algorithm，BPA）（Bernardini et al., 1999）构建三角网格的基本原理为：当指定了半径为 ρ 的球碰触到了三个点，且除这三个点之外该球不包含任何其他的点，那么这三个点就可以形成一个三角形面片。

旋转球算法对采样点集提出了两个合理的假设：①采样点分布在整个表面上，其空间频率大于或等于指定的最小值；②对于每个可测得的采样点，其表面法向量是可估算的。该假设对大部分不同点云获取方式获得的点集都有效。

从一个种子三角形出发，球围绕现有网格边界上的一条边旋转，并且始终保持碰触到这条边的两个端点，直到该球碰触到另一个新的点。这条边及第三个点即构成一个新的三角形，将其加入网格，同时更新边界边，进行旋转操作。不断执行该过程，直到所有可接触的边都参与进来。然后从另一个种子三角形开始，重复进行上述操作，直到所有的点都被考虑进来。

旋转球算法在执行时间、内存空间需求方面都比较高效。在由成千上万输入样点组成的数据集上,它呈线性的时间性能。它不要求所有的输入数据同时载入内存,而是在运算过程中,构建出的三角网格被逐步存储进外部存储设备,不需要额外的内存。旋转球算法是足够稳健的,它能够处理真实三维点云数据中存在的噪声问题。

旋转球算法使用原始点云数据而无须内插出新的点,对均匀采样的点云进行构网的效果更好。在特定情况下,可先对原始点云进行降采样操作。

2．实例研究

利用旋转球算法进行点云构网仅需相对较小的内存空间,构网效率、构网质量也优于其他的一些构网算法。在 MeshLab 中,可利用 Filters\Remeshing, Simplification and Reconstruction\ Surface Reconstruction: Ball Pivoting 操作,来实现旋转球算法。

1）多重旋转球算法实验

利用 Block 点云数据（对几何体模型表面均匀采样的点云数据）［如图 6-3（a）,顶点总数 2 132］对旋转球算法进行研究,每次设定一组旋转球半径值,依次叠加地对原始点云数据进行构网操作。

旋转球半径由 20 到 1（MeshLab 设置对话框上显示单位为: world unit）的实验。当旋转球半径设为 20 时,重建结果为:顶点数 2 132,面数 186,重建时间 43 ms,重建结果见图 6-3（b）。在此基础上,将旋转球半径改为 1,继续执行旋转球表面重建操作。重建结果为:顶点数 2 132,面数 2 550,重建时间 99 ms,重建结果见图 6-3（c）。

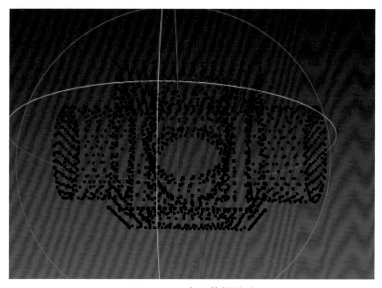

（a）Block 点云数据显示

图 6-3　Block 点云及不同旋转球半径重建结果

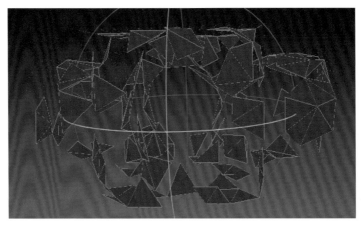

（b）重建效果图（旋转球半径为 20）

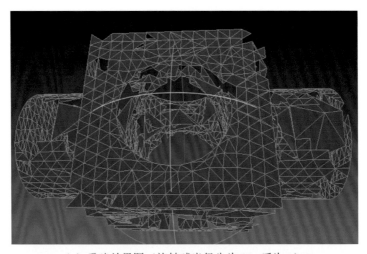

（c）重建效果图（旋转球半径先为 20，后为 1）

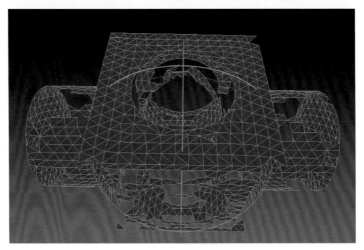

（d）重建效果图（旋转球半径为 1）

图 6-3　Block 点云及不同旋转球半径重建结果（续）

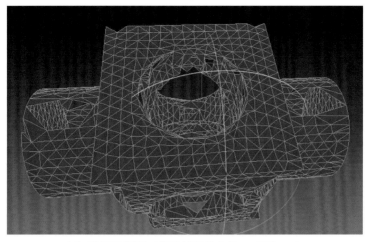

（e）重建效果图（旋转球半径先为 1，后为 20）

图 6-3　Block 点云及不同旋转球半径重建结果（续）

旋转球半径由 1 到 20 的实验。当旋转球半径设定为 1 时，重建结果为：顶点数 2 132；面数 2 684，重建时间 94 ms，重建结果见图 6-3（d）。在此基础上，将旋转球半径改为 20，继续执行旋转球表面重建操作。重建结果为：顶点数 2 132，面数 3 509，重建时间 96 ms，重建结果见图 6-3（e）。

旋转球半径由 1 到 2 的实验。在图 6-3（d）基础上，将旋转球半径改为 2，继续执行旋转球表面重建操作。重建结果为：顶点数 2 132，面数 4 057，重建时间 108 ms，重建结果见图 6-4。

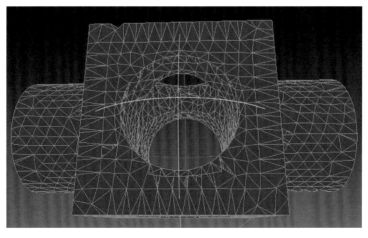

图 6-4　重建效果图
旋转球半径先为 1，后为 2

2）实验分析评价

旋转球算法构网前后，点云数据不变。旋转球半径越小，三角面块数目越多、构网时间越长、产生的孔洞越多、重构表面的细节更丰富；反之，旋转球半径越大，三角面块数目越少、构网时间越短、产生的孔洞越少、重构表面有特征损失。

通过多重旋转球算法实验，由图 6-3（b）可知，当旋转球半径过大时，网格重构效果较差。由图 6-3（c）可知，减小旋转半径，图 6-3（b）中较大的三角面块得到了保留，表面细节得到了一定改善，但是部分孔洞仍然存在。由图 6-3（d）可知，当旋转球半径较小时，得到的重构网格有较大的孔洞，但在保持尖锐的边缘特征方面较优。另外，由图 6-3（e）和图 6-4，并结合表 6-1 可知，在图 6-3（d）的基础上，增大旋转球半径，可有效地对较大的孔洞进行填充。另外，由图 6-3（e）与图 6-4 的对比可知，当半径递增过大时，填充的孔洞处的重建效果较差。但当半径递增过小时，边缘、转折等细节处可能会出现错误的连接情况。

表 6-1 多重旋转球算法实验

点云数据	原始点云	两个旋转球半径	构网后点云	两次构网后三角面个数	两次构网时间 /ms
Block	2 132	20→1	2 132	186→2 550	43、99
		1→20		2 684→3 509	94、96
		1→2		2 684→4 057	94、108

多次对同一组点云数据应用叠加的方式进行旋转球表面重建操作，若不改变旋转球的半径，则在最初的几次操作中，重构网格会在上一次构网结果的基础上适当地进行补充，即增加少量的三角面块，之后三角面块会保持在一个固定值不会再发生变化。若改变旋转球的半径，即采用对半径依次递增的方法，既可以保持较好细节特征，又能够较好地处理孔洞的问题，得到的构网效果较优。尤其是在对不均匀采样点云进行构网时，可以定义一个半径列表 $\{\rho_0, \cdots, \rho_n\}$ 作为输入参数，使用递增的旋转球半径来多次执行旋转球算法。

6.1.3 泊松重建算法

1. 主要思想

泊松表面重建是一种全局的基于隐式曲面的构网方法。它一次性考虑所有的数据，不借助启发式的空间分割或合并。它对含有噪声的数据进行了稳健地近似，能够很好地抵抗数据的噪声，同时它融合了局部拟合方法的优势。

泊松表面重建（Kazhdan et al., 2006）的原理是通过提取指示函数的等值面得到表面。核心是建立输入的有向点集和点的指示函数间的联系，即在模型表面处的点，指示函数的梯度与表面内向法矢相等。由于在其他地方，指示函数都可看作是恒定不变的，故指示函数的梯度在这些地方是零的向量场。这样，可以把有向点集当作指示函数的梯度的样本，从而得到泊松表面重建的基本思路：模型表面采样的有向点集 $\vec{V}$ → 模型的指示函数的梯度 $\nabla \chi_M$ → 模型的指示函数 χ_M → 等值面 → 模型表面 ∂M，如图 6-5 所示。

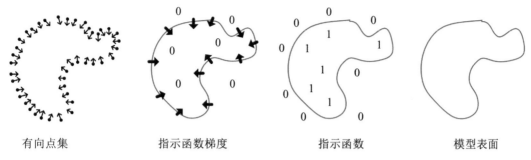

有向点集　　　　　　指示函数梯度　　　　　　指示函数　　　　　　模型表面

图 6-5　泊松表面重建的基本思路（Kazhdan et al., 2006）

　　通过引入泊松方程,首先将计算指示函数转化成梯度算子的反算,再进一步使用散度算子（即同时取散度）,转换为泊松问题。对泊松方程进行求解,解得指示函数,它的梯度的散度（即拉普拉斯算子）与向量场的散度相等。泊松表面重建的基本流程可概括为:输入点云数据→八叉树分割→计算向量场→解泊松方程→等值面提取→生成模型表面。

2. 实例研究

1）泊松表面重建实验

　　Block 点云数据构网实验。利用 Block 点云数据[图 6-3（a）,顶点总数 2 132]进行泊松表面重建,八叉树深度设定为 8。重建结果为:顶点数 3 481,面数 6 970,重建时间 2 377 ms,重建网格见图 6-6。

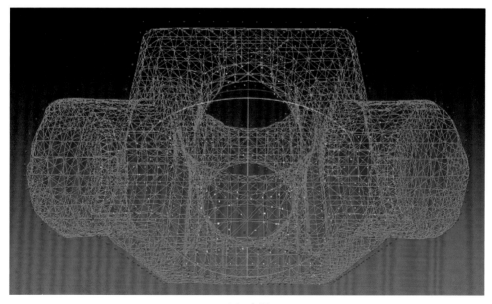

（a）全局

图 6-6　重建效果图（八叉树深度为 8）

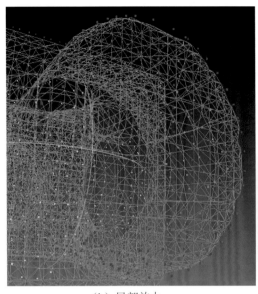
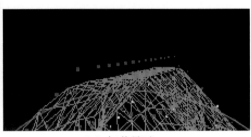

　　（b）局部放大　　　　　　　　　　　　　　　（c）细节显示

图 6-6　重建效果图（八叉树深度为 8）

　　Building 点云数据构网实验。Building 点云数据由无人机倾斜摄影测量影像得到（图 6-7，顶点总数 205 684）。

图 6-7　Building 点云数据

不同八叉树深度下，Building 点云数据泊松表面重建结果对比。八叉树深度设定为 8，重建结果为：顶点数 184 789，面数 369 360，重建时间 32 167 ms，将重建网格局部放大，见图 6-8。八叉树深度设定为 10，重建结果为：顶点数 574 123，面数 1 148 013，重建时间 113 953 ms，将重建网格局部放大，见图 6-9。

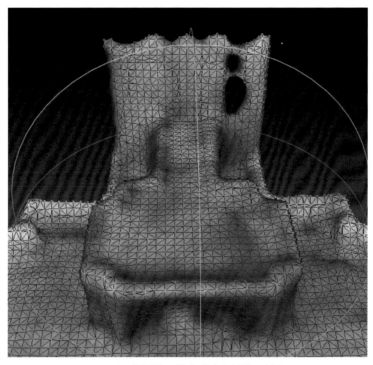

（a）前视图（较高楼左侧顶部正视）

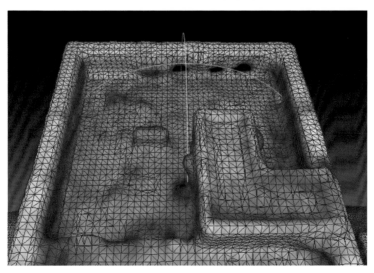

（b）顶视图（较矮楼顶部左侧俯视）

图 6-8　局部放大图（八叉树深度为 8）

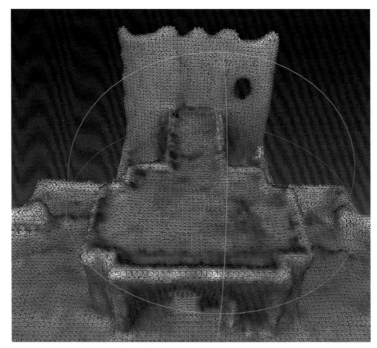

（a）前视图（较高楼左侧顶部正视）

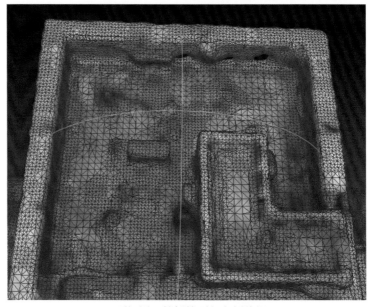

（b）顶视图（较矮楼顶部左侧俯视）

图 6-9　局部放大图（八叉树深度为 10）

2）实验分析评价

　　通过对比分析不同八叉树深度下泊松表面重建实验结果（图 6-8、图 6-9 及表 6-2）可见，增加八叉树深度，构网后的顶点数和面数增多、构网精度提高，但所需时间更长，数据量也更大，占用空间更多。在八叉树深度分别为 8、10 时，格网分辨率依次为 2 563、10 243。随着树深的增大，需使用更高分辨率的函数来对指示函数进行拟合，故能捕捉到更精密的细节特征。综合考虑时间、空间消耗与接近真实模型的构网质量几个方面，可认为八叉树深度设为 8 时效果较好。

表 6-2　泊松表面重建实验

点云数据	原始点云个数	八叉树深度	构网后点云个数	构网后三角面个数	构网时间/ms
Block	2 132	8	3 481	6 970	2 377
Building	205 684	8	184 789	369 360	32 167
		10	574 123	1 148 013	113 953

由图 6-6 可以看出，泊松表面重建算法在边缘处重建时，对棱角等法向量急剧变化的尖锐位置进行了平滑，相比较于旋转球算法，尖锐细节的还原度方面表现稍弱，旋转球算法尽量保证了边缘锐度化。但是，相较于旋转球算法，泊松重建算法所构的网格孔洞较少，且所构面片的密集程度能随着细节丰富程度而调整变化，即在法向量变化较小的区域网格较稀、三角面片较大，而在法向量变化较大的区域网格较密、三角面片较小。

通过构网前后点云个数的对比，可以发现，旋转球算法完全根据原始点云中的点作为模型顶点来构网而不会出现多余的点；泊松表面重建算法所构网格的顶点不是原始点云，而是通过内插产生一些新点作为网格顶点。

6.2　建筑物点云分割

数据驱动的方式通常假设建筑物为多面体模型（Sampath et al., 2010）。建筑物点云三维重建时需要从点云数据中识别出建筑物的点、线、面等要素，并恢复这些要素的几何拓扑关系。现有的基于数据驱动的建筑物三维重建一般首先提取出建筑物面片信息，并利用空间面片两两相交确定一条直线，三三相交确定一个顶点的方式恢复建筑物的点线特征。其中，建筑物面片分割是建筑物三维重建的一个关键步骤，面片分割质量的好坏直接关系到后续建筑物模型拓扑重建的成败（Xiong et al., 2014）。

6.2.1　点云面片初始分割方法

常见的点云分割主要可分为基于边缘的方法、区域增长法、模型匹配法等。这些方法虽然有各自的缺陷，相关的研究却比较成熟，可用于生成初始分割，以便后续的分割结果优化。

1. 基于边缘的分割方法

基于边缘的分割算法有两个主要步骤：①边缘检测找出不同区域的边界；②对于不同边界内的点进行分组。边缘一般指局部表面的属性超过一定阈值的点。最常用的局部表面属性是法线、梯度、主曲率和高阶导数。基于边缘的分割算法具有速度快的优点，但对噪声较敏感，在点云密度不均匀的情况下难以获得满意的分割结果。

2. 基于区域增长的分割方法

区域增长的方法从具有特定特征的一个或多个点（种子点）开始，然后围绕具有相似特征（例如表面方向，曲率等）的相邻点进行生长。基于区域的方法可以分为以下两种方法。

（1）自下而上的方法。从一些种子点开始，根据给定的相似性标准进行增长。种子区域生长的方法高度依赖于选定的种子点。选择不准确的种子点会影响分割过程，并可能导致分割不足或过分割结果。

（2）自上而下的方法。首先将所有点分配给一个组，然后利用单个表面来拟合这些点。如何确定非种子区域的位置以及如何细分这些区域是该方法的主要困难。

基于区域的算法包括两个步骤：基于每个点的曲率识别种子点和基于预定标准（例如点的接近度和表面的平面度）来生长这些种子点。区域增长的算法最初由 Adams（1994）引入，之后一些学者又对其进行了改进。曲面法线和曲率约束被广泛用于检测平滑连接区域。Ackermann 等（2007）使用区域增长方法在 3D 点云中对斜平面屋顶进行分割，用于建筑物的自动 3D 建模。Vo 等（2015）提出了基于八叉树的区域增长方法，用于城市环境 3D 点云的快速曲面片段分割。通常，由于使用了全局信息，区域生长方法比基于边缘的方法更加鲁棒。但是，区域增长法对初始种子区域的位置和区域边界附近的点的法线和曲率的估计误差比较敏感。

3. 基于模型的分割方法

人造地物一般可分解为一些基本几何体，如平面、圆柱体和球体等。基于模型的分割方法正是基于该假设，将这些基本几何体拟合到点云数据上，并将每一部分符合基本几何体的点作为一个分割块。模型拟合的方法具有速度快的特点，并且对噪声具有一定的稳健性。霍夫变换（Hough transform）和随机样本一致性（RANSAC）是基于模型得而分割方法中广泛用到的两种算法。霍夫变换能够较好地用于从点云中检测出平面，圆柱体和球体等基本几何体。RANSAC 算法则通过重复进行以下步骤，提取基本集合体：①从初始点云中随机选择样本点；②对样本点拟合形状；③计算拟合形状的内部点数量，内部数需在用户指定的形状误差容限内；④以规定的迭代次数重复步骤①至③，具有最大内部点数量的形状，被认为是最大的形状，得以保留。图 6-10 是一个 RANSAC 算法点云分割结果示例。RANSAC 算法相比霍夫变换需要更少的计算时间，能够较快地处理大数据量的输入点云。相比之下，霍夫变换计算复杂度较高，并且对分割参数较敏感。

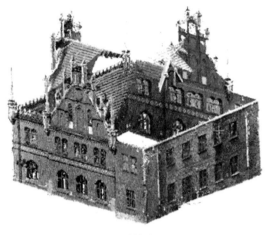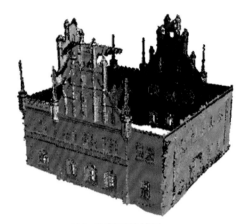

（a）原始点云 （b）分割后的结果

图 6-10 RANSAC 初始点云分割

6.2.2 基于图割多标号优化的建筑物点云面片分割

建筑物通常假设为一个由建筑物面片构成的多面体模型。现有的建筑物面片分割方法如区域增长和 RANSAC 多是基于单模型的。当建筑物中有多个面片时，需要按照一定的次序依次分割出建筑物面片。该方式的分割流程如下：

（1）在建筑物点云中找到一个建筑物面片并剔除隶属于该面片的点云；

（2）在剩余的建筑物点云寻找新的建筑物面片；

（3）重复步骤（1）～（2），直到点云数据为空或找不到新的建筑物面片。

该方式的一个主要缺点是建筑面片模型间缺少竞争，面片过渡区域的点云可能会被分配给最先提取到的建筑物面片，从而产生不理想的分割结果。如图 6-11 所示，由于右边的平面首先被检测到，过渡区域的点云被分配到右边的建筑物面片，从而分割得到的建筑物点云平面拟合有偏差。建筑物面片相交时可能会得到错误的建筑物边界。另外，当分割顺序改变时，该方式还会产生一些假面片，导致诸如图 6-11 所示的错分割。

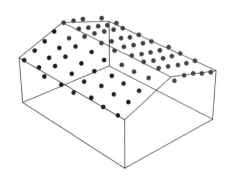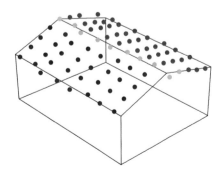

图 6-11 人字形屋顶点云错分割示意图

蓝色为过分割点云；红色为欠分割点云；绿色为错分割点云

　　另外，单模型方式的面片分割多是在计算点云到拟合平面的垂直距离的基础上进行的，该方式很容易产生虚假或拓扑不一致的面片。如图 6-12 所示，建筑物平面 A 和 B 空间相交处的点云被分配给平面 B，从而导致后续拓扑重建时建筑物面片拓扑判断困难。为解决该问题，现有的模型拟合方法在统计点到平面垂直距离时多引入点云的局部法向量特征来解决该问题（Chen et al., 2012；Awwad et al., 2010；Schnabel et al., 2007；Bretar et al., 2005）。通过建筑物点云和拟合面片的法向夹角可以消除大部分假面片和如图 6-12 所示的悬挂线。

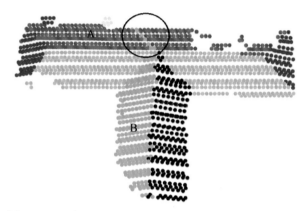

图 6-12　T 字形屋顶分割中的悬挂线（圆形区域内）

　　然而，法向量估计很容易受噪声和邻域选取方式的影响（Lari et al., 2011；Chauve et al., 2010）。此外，当错分类点云的局部法向和拟合面片的法向量相似时，该方法便无能为力。如图 6-13（a）标注区域所示，屋脊处的点云具有相似的法向量。由于分割顺序不正确便产生了一个假面片。另外，如图 6-13（b）所示，当邻接面片的法向夹角较小时，该方法也无能为力。

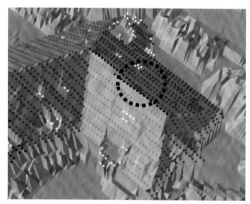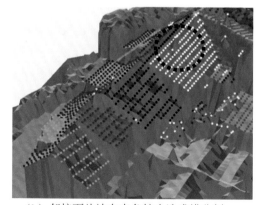

（a）相似法向量造成错分割　　　　　　　　（b）邻接面片法向夹角较小造成错分割

图 6-13　错分割示意图（示例建筑物来自 ISPRS Vaihingen 测试数据集）

　　综上，由于分割面片间缺少竞争，建筑物点云的不理想分割主要发生在面片过渡或空间相交区域。另一方面，由于建筑物面片点云的空间一致性未被充分考虑，仅依靠局部法向量约束无法从根本上消除拓扑不一致的错分割。针对以上问题，Yan 等（2014）提出了一种基于图割全局优化的建筑物点云面片方法，即给定一组初始模型，使用图割的多标号优化的方式来优化模型参数和分割面片，旨在消除或减少错误的分割面片，提高建筑物分割面片的拓扑一致性。

1. 能量函数的设定

建筑物模型通常假设由一系列几何平面构成。建筑物点云的面片分割问题可以形式化为分段光滑模型下的多平面模型拟合问题。式（6-1）给出了该问题对应的能量函数。

$$E(f) = \overbrace{\sum_{p \in \boldsymbol{P}} D_p(f_p)}^{\text{data\_cost}} + \overbrace{\sum_{p,q \in N} w_{pq} \times \delta(f_p \neq f_q)}^{\text{smooth\_cost}} + \overbrace{\sum_{l \in \boldsymbol{L}} h_l \times \delta(l \in \boldsymbol{L}')}^{\text{label\_cost}} \qquad (6\text{-}1)$$

其中：$\boldsymbol{L}$ 为给定的初始标号集合（每个标号对应着一个面片模型）；$\delta(\cdot)$ 为一个值为 0 或 1 的指示函数。令 $\boldsymbol{P}$ 为数据点集合，多标号优化的任务就是给每个 $p \in \boldsymbol{P}$ 的数据点分配一个标号 $f_p \in \boldsymbol{L}$，使得能量函数 $E(f)$ 最小化。其中 $\boldsymbol{L}'$ 是初始标号集合 $\boldsymbol{L}$ 的一个子集，N 是给定数据点的邻域。该能量函数由三个惩罚项构成，第一项为数据代价（data cost），主要用来衡量数据点与标号所代表的平面模型的数据不一致性，它是所有数据点与其分配标号的平面模型的几何距离之和；第二项为平滑代价（smooth cost），主要用来衡量空间邻接点的标号一致性，它是所有具有不同标号的空间邻接点对的权值（w_{pq}）之和；第三项为标号代价（label cost），主要用来衡量标号分配过程中使用的标号个数，它是分配给数据点的所有标号 l 的权值（h_l）之和。图 6-14 给出了多标号优化在直线模型拟合上的一个示例。该点集拟合出了两条直线 A 和 B，其标号代价为 $h_A + h_B$。相应地，平滑代价计算为 w_{cd}，数据代价统计为 $\text{dist}(a,A) + \text{dist}(b,A) + \text{dist}(c,A) + \text{dist}(d,B) + \text{dist}(e,B) + \text{dist}(f,B)$，其中 $\text{dist}(\cdot)$ 为点到拟合直线的垂直距离。

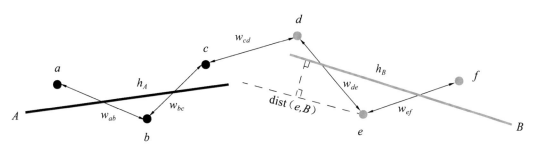

图 6-14　直线拟合与数据点标号

相同标号的数据点用同一颜色表示，其中双箭头线段表示数据点的邻域关系

点云平面拟合时，每个平面对应着唯一的模型标号。建筑物点云的多面片模型拟合问题可以形式化为点云的多标号优化问题。相应地，需要在能量函数公式（6-1）的基础上构造出适用于多面片模型优化的代价项。

2．数据代价

数据代价用来惩罚数据点及其标号的数据不一致性。它设置为数据点到拟合平面模型的几何距离。给定平面方程 $ax + by + cz + d = 0(a^2 + b^2 + c^2 = 1)$，参数向量为 (a, b, c, d)。假设建筑物点云的平面拟合误差符合高斯分布，给定数据点 $p(x_p, y_p, z_p)$ 及其标号 $f_p(a_p, b_p, c_p, d_p)$，数据代价计算为

$$D_p(f_p) = -\ln\left[\frac{1}{\sqrt{2\pi}\Delta d} \times \exp\left(-\frac{\text{dist}(p, f_p)^2}{2\Delta d^2}\right)\right] \qquad (6\text{-}2)$$

其中

$$\text{dist}(p, f_p) = \begin{cases} ax_p + by_p + cz_p + d_p, & f_p \neq L_{\text{outlier}} \\ 2\Delta d, & f_p = L_{\text{outlier}} \end{cases} \qquad (6\text{-}3)$$

式中：L_{outlier} 为噪声或模型外点额外增加的标号。参数 Δd 是平面拟合中的距离阈值，本节中用来表示平面拟合误差高斯分布模型中的方差。需要注意的是，数据点到噪声标号 L_{outlier} 的距离是一个常量。本书中，该常量设置为 $2\Delta d$，这意味着到平面的距离大于 $2\Delta d$ 的数据点更有可能被标号为噪声或外点。

3．平滑代价

平滑代价用来惩罚邻域点的标号不一致性。在分段光滑模型中，除了边界点，数据点应处处平滑，即相邻的数据点应具有相似的标号。为了最小化公式（6-1）所示的能量函数，相邻的数据点应尽量分配给同一个标号。本节中，数据点的邻域关系通过构造 TINs（triangulated irregular networks）获得。如果邻接的数据点隶属于同一个平面模型，其平滑代价为 0，否则，其平滑代价为 1。由于空间距离较近的数据点更有可能隶属于同一个模型，平滑代价的权 w_{pq} 通常设置为一个与邻域点距成反比的函数（Isack et al., 2012）。本书中，w_{pq} 计算为

$$w_{pq} = \exp(-\|p - q\|) \qquad (6\text{-}4)$$

式中：$\|p - q\|$ 为空间邻域点 p 和 q 的欧氏距离。它意味着面片拟合时相邻的数据点更有可能拟合成同一个面片。

4．标号代价

标号代价用来惩罚点云标号的标签个数。多标号模型优化时，标号代价鼓励使用较少的标号紧凑地表示出数据（Delong et al., 2012）。对建筑物点云分割而言，即是用尽可能少的平面来较好拟合出建筑物的多面体形状。本节中，该代价主要用来减少建筑物面片分割中的模型个数和消除冗余的分割面片。在最小化能量函数时，如果标号 l 的权值 h_l 大于改变该标号的数据代价和平滑代价之和，该标号在多标号优化时将被舍弃掉（Delong et al., 2012）。较大的标号权值能够减少建筑物面片的模型个数并消除冗余的分割结果，但数据点较少的面片在多标号优化时可能会被舍弃掉。为了保证质量较好的小面片不被剔除，标号 l 的权值 h_l 设置为

$$h_l = \begin{cases} n \times \left[\dfrac{1}{2} - \ln\left(\dfrac{1}{\sqrt{2\pi\Delta d}} \right) \right], & f_p \neq L_{\text{outlier}} \\ 0, & f_p = L_{\text{outlier}} \end{cases} \tag{6-5}$$

式中：n 为建筑物平面拟合的最小数据点数。本节中，除了噪声标号，其他标号都分配了一个相同的的权。该权值可通过将式（6-2）中的平面距离设置为 Δd 并乘以 n 获得。它意味着平面拟合距离小于 Δd 且具有空间平滑性较高的小面片更有可能是有效的建筑物平面，在多标号优化中则会被保留。而其他小平面则更有可能是错误的建筑物面片，将会被剔除掉。然而，对于一些面积较大的冗余面片，该方式可能无能为力。为解决该问题，在利用式（6-5）获得初始标号代价后，后续面片迭代优化过程中可对标号质量进行评估并分别赋值，如果两个标号的模型参数比较相似，可为该标号重新分配一个较大的权值。

6.2.3　分割流程

综上，建筑物多平面拟合的能量函数综合考虑了面片拟合误差，拟合内点的空间一致性和面片模型个数。为了解决上述能量函数的最小化问题，本节使用拓展 α-expansion 算子（Delong et al., 2012）。基于图割的能量函数优化前需要给定初始模型（标号）。通常的做法是采用 RANSAC 模型假设的方式从数据点中随机采样获得初始模型（Isack et al., 2012）。但该方式对数据点的质量和空间分布比较敏感（Pham et al., 2014）。为获得鲁棒的初始模型，我们首先用平面区域增长的方式对建筑物点云进行初始分割。

1.　初始分割

区域增长由于其简单高效，常用于建筑物点云的面片拟合和平面分割（You et al., 2011; Chauve et al., 2010; Dorninger et al., 2007; Zhang et al., 2006）。本节中，初始模型通过建筑物点云数据的平面区域增长算法拟合获得。

初始分割之前需要拟合出每个数据点的局部平面模型。通过对局部邻域点云进行主成份分析（principal components analysis，PCA），获得建筑物点云的局部法向并确定其平面方程。为提高法向估计的鲁棒性，本书使用加权 PCA（Kriegel et al., 2008）来计算平面参数。设 λ_1, λ_2 和 λ_3（$\lambda_1 \leqslant \lambda_2 \leqslant \lambda_3$）是点 p 及其邻域点通过加权 PCA 计算得到的特征值，其对应的特征向量值分别为 $\boldsymbol{X}_1$、$\boldsymbol{X}_2$ 和 $\boldsymbol{X}_3$，则点 p 的平坦度（flatness）计算为

$$\text{flatness}(p) = \frac{\lambda_1}{\lambda_1 + \lambda_2 + \lambda_3}, \qquad \lambda_1 \leqslant \lambda_2 \leqslant \lambda_3 \tag{6-6}$$

法向量计算为

$$\boldsymbol{N}_p = \boldsymbol{X}_2 \times \boldsymbol{X}_3 \tag{6-7}$$

式中：平坦度反映了邻域点云的局部平面特征。其值越小则说明点 p 更有可能是一个平面点。需要注意的，区域增长时还需给定参数 n，即有效平面的最少点云数。平面区域增长时，平面点小于该数目的建筑物面片将会被舍弃掉。

2. 迭代优化

平面区域增长后,可以得到建筑物点云的初始平面模型集合。每个平面模型对应着一个唯一的标号,作为多标号优化的输入。与图像分类中常用的 k-means 算法相似,建筑物点云面片的多标号优化通过迭代收敛的方式进行。算法详细描述如下所示。

算法 1 多标号优化分割算法

输入:建筑物点集 P 及其初始标号 f^0;

输入:点云邻域 N;

输入:阈值 n 和 Δd;

输出:最优标号 f。

①初始化平滑代价[式(6-4)],设 $t = 0$;

②从标号 f^t 中导出模型集合 L^t;

③设置数据代价[式(6-2)]和标号代价[式(6-5)];

④设 $t = t +1$,使用拓展 α-expansion 算子计算最优标号 f^t;

⑤如果能量函数值减少则返回步骤②;

⑥计算标号 f^t 的连通区域集合,则每个连通区域对应着一个分割面片。移除点数小于 n 的面片,更新标号 f^t 并设 $f=f^t$。

值得注意的是,由于该算法考虑了标号代价,多标号优化在消除冗余面片的同时,可能还会合并某些共面的建筑物面片。为了解决该问题,本书在多标号优化后对面片点云进行连通性分析来分离共面的建筑物面片。

图 6-15 给出了基于该算法的建筑物点云面片分割流程示意图。为了验证算法的鲁棒性,示例建筑物点云中额外添加了 25% 的随机噪声点。建筑物面片区域增长后的分割结果如图 6-15(b)所示,大部分建筑物面片包括部分面积较小的建筑物面片都已成功分割。然而,分割结果中存在虚假的平面,如平面 C;部分建筑物面片也被分割成多个平面区域,如平面 A。同时,建筑物几何平面相交区域也存在错分割,导致分割面片中存在悬挂线的现象,如面片 B。第一迭代后[图 6-15(c)],大部分虚假的面片如图 6-15(b)中的面片 C 被剔除,平面模型相似的面片也被合并,如图 6-15(b)中的平面 A。值得注意的是,由于多标号优化时引入了平滑代价,图 6-15(b)中的面片悬挂线也被剔除。在后续迭代过程,初始分割中的错误面片依次被消除。最终,该算法迭代六次后收敛[图 6-15(e)]。标号代价在优化面片模型个数的同时,可能会合并如图 6-15(e)中 D 和 E 所示的共面的建筑物面片。因此,有必要对多标号优化结果进行连通性分析以消除空间上相离的建筑物面片。同时,点云个数小于 n 的平面区域也将被剔除。基于上述流程,图 6-15(f)给出了示例建筑物点云的最终分割结果。迭代优化过程中的能量函数和面片数的变化曲线如图 6-16 所示。第一次迭代优化后,由于大部分建筑物面片都已正确分割,建筑物面片个数和能量函数急剧减少。后续迭代优化中,只有小部分数据点重新标号,其能量函数也迅速收敛。

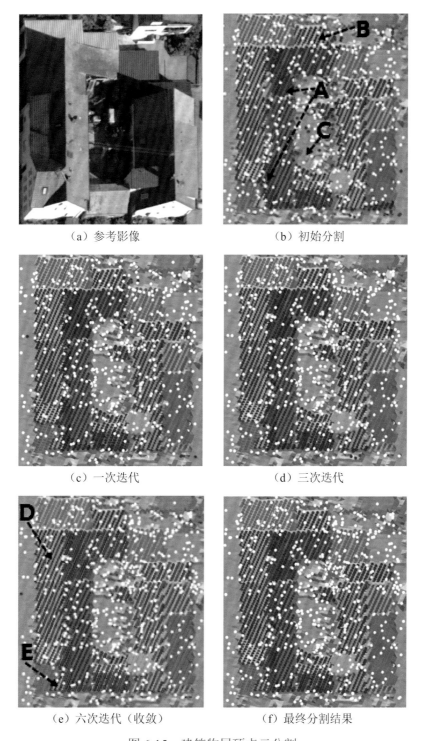

（a）参考影像　　　　　　　　　　　　　（b）初始分割

（c）一次迭代　　　　　　　　　　　　　（d）三次迭代

（e）六次迭代（收敛）　　　　　　　　　　（f）最终分割结果

图 6-15　建筑物屋顶点云分割

示例点云来自 ISPRS Vaihingen 测试数据集并添加了 25%的随机噪声点，该数据集的分割结果可参考
Yan 等（2014），隶属同一建筑物面片的点云以相同的颜色表示，白色点为未分类的点云

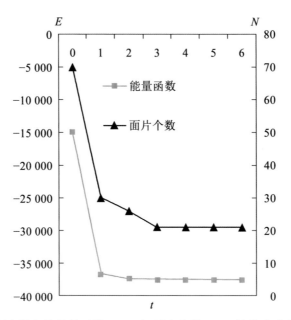

图 6-16　多标号优化过程中的能量函数（E）和面片个数（N）迭代变化趋势（t 为迭代次数）

6.3　建筑物单体化模型纹理映射方法

　　建筑物单体化几何三维重建后,为了恢复每个地物的颜色信息,需要根据影像对建筑物模型进行纹理映射,从而得到高精度、高真实感的彩色建筑物三维表面模型。纹理映射的本质是对三维模型进行二维参数化,即采用一定的方法建立二维纹理空间点到三维物体表面点之间一一对应的关系,其最终目标是尽量减小在纹理空间和地物三维表面参数空间进行一对一映射时产生的变形及失真。纹理是影响三维模型真实感效果的一个重要因素,多面体结构单体化模型的纹理显示在一定程度上直接地影响了视觉效果。因此,采用的纹理映射策略和方法将会影响到三维重建的结果。

　　建筑物单体纹理映射与大场景不规则三角网模型的纹理映射之间存在方法和策略上的不同。大场景不规则三角网模型一般根据三角网的特点以及相应的约束条件分成不同的区域块,以投影变形最小、区域块数量最少等约束将三维表面映射到二维空间上,然后通过影像的外方位元素、遮挡检测等将影像中的颜色信息映射到二维纹理空间中从而实现纹理映射。而单体化建筑物模型纹理映射一般从多面体三维模型中的每个多边形根据其投影到影像中,并进行纹理影像的优选,从而实现纹理映射。

　　众源影像数据中,纹理数据的来源大致可分为以下几类:①利用手机 App 通过手机内置相机获取的地面近景影像;②网络影像数据中获取的航空影像;③车载移动测量系统中获取的街景影像;④从众源影像数据中建立的纹理材质库等。

　　通过对上述众源影像数据的外方位元素的精确计算,以及 6.2 小节中进行建筑物多面体结构模型的构建后,即可对多面体模型单体进行纹理映射从而获取彩色三维模型。可分为以下几个步骤：多面体多边形纹理投影单元计算、纹理数据预处理、多视影像最优纹理分布、纹理空洞填充、单体化模型纹理影像颜色调整以及纹理排样等。

6.3.1　纹理数据预处理

众源影像在纹理映射过程中会受到拍摄视角和几何模型三维重建结果与实际拍摄场景不完全一致的影响，有可能出现纹理遮挡、纹理朝向反向等现象（Stilla et al., 2009）。因此在确定所有的网格三角面与可见影像的对应关系前，需进行可见性分析、遮挡检测以及剔除非固定场景刚性几何组成等预处理工作。

1. 可见性分析

对于每一个多边形面而言，其法向量与其中心点到摄影中心的向量存在一个角度，多边形面在影像上的可见性可通过此角进行判断。

如图 6-17 所示，多边形单个面的中心与摄影中心构成的向量与多边形面的法向量构成的夹角为 θ。如果 θ 小于等于 90°且大于 0°则认为影像与多边形面可见，若超出这个范围则可以认为不可见。

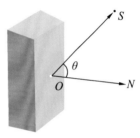

图 6-17　影像可见性分析

2. 遮挡检测

遮挡检测的方法主要有：Z 缓存法、基于摄影角度的方法和基于高程的射线追踪方法等。这其中最容易实现的是 Z 缓存法，但是它需要大量的计算内存和严格的计算条件。

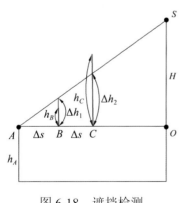

图 6-18　遮挡检测

同时，DSM 和影像分辨率的不同也会导致错误的遮挡判断。基于角度的判断方法可以进行较高精度的遮挡检测，但是计算量较大的角度计算将会导致效率的降低。基于高程的射线追踪方法可以避免上述问题。

如图 6-18 所示，设 S 为摄影中心，A 为地面点。摄影中心与该点的连线为 AS，其投影到正射平面上的射线为 OA，即形成一条搜索线。基于高程的射线追踪算法的基本原理是 OA 这条射线上如果没有任何一点高于摄影光线的高度则认为其是可见的，否则认为是不可见的。

3. 剔除非固定场景刚性几何组成

除了考虑模型的可见性和遮挡外，还要考虑未重建出来的非固定场景刚性几何组成（如行人和汽车等遮挡物）的影像，这类影像往往会有比较大的色彩偏差。仅利用色彩的中值或均值的方法来减少影像的色彩不一致性,虽然能达到一定的效果,但不具有普适性(Grammatikopoulos et al., 2007)。Waechter 等(2014)采用一种改进的均值漂移方法解决影像的色彩不一致问题。首先把三角面 F_i 的可见影像列表中的每张影像均视为内点,计算三角面投影到对应影像的平均色彩值 C_i,然后计算所有内点平均色彩值 C_i 的均值 μ。求得每张影像的平均色彩值 C_i 与 μ 的欧氏距离 d_i,将欧氏距离 d_i 最大的影像从内点列表中移除,更新可见影像列表,设置迭代阈值,直到满足要求为止。

6.3.2　多视影像最优纹理分布

由于是不同视角、不同位置拍摄得到的众源影像,单个三维模型上的每个多边形单元可能对应着众源影像中的两幅或多幅影像,使用多张视点相关的影像作为纹理可以潜在地提供比使用单一影像更好的视觉性能(Frueh et al., 2004)。因此,要为单体化模型每个多边形从多视众源影像中挑选出质量较好的影像作为纹理数据源。纹理影像选取主要考虑以下几个方面的因素:影像视角、纹理分辨率以及投影三角面到图像边缘的距离等。为了避免影像选取时因单个多边形面选取在不同的影像上存在的色彩差异,一般情况下选择可以包含单个多边形全部的影像作为纹理。

1. 多因素加权最优纹理分布

(1)影像视角。对于每个三角面,在理想情况下,用于纹理映射的图像应取自最接近垂直拍摄视角的影像,针对三角面 T_j 和影像 I_i,计算从模型表面三角面中心到相机中心所在位置的向量 $\boldsymbol{v}_{ij}$,代表视线方向,通过式(6-8)求得影像 I_i 与三角面 T_j 的垂直程度。

$$W_{a_i} = N(\boldsymbol{v}_{ij}) \times \boldsymbol{n}_j \tag{6-8}$$

式中:N 为归一化;$\boldsymbol{n}_j$ 为三角面表面法线。

(2)纹理分辨率。为了获取较清晰的纹理影像,需要采用分辨率较高的影像,可通过多边形面投影到原始影像上的像素数量作为影像分辨率判断的依据,通常认为三角面投影到影像上的面积越大,说明变形越小,能从影像上获取的信息越多。纹理分辨率越高,其用作纹理时色彩质量越好。将三角面在影像上的投影面积占所有影像内投影面积总和的比例作为权值,来衡量影像对于该三角面的优劣程度。R_{ij} 表示第 i 个三角面在第 j 张影像中的投影面积,得

$$W_{r_i} = \frac{R_{ij}}{\displaystyle\sum_{k=1}^{n} R_{kj}} \tag{6-9}$$

(3)投影三角面中心到图像边缘的距离。由于镜头畸变的存在,一般认为越远离镜头中心的区域,影像变形越大,其用作纹理时质量也越差,通过式(6-10)确定影像 I_i 远离图像中心的权重。

$$W_{d_i} = 1 - \max\left(2 \times \frac{P_{T_x}}{W} - 1, 2 \times \frac{P_{T_y}}{H} - 1\right) \tag{6-10}$$

式中：P_{T_x}、P_{T_y} 分别为模型三角面 T_j 的中心点反投影到影像 I_i 上的 x、y 分量；W 为影像的宽度；H 为影像的高度。

最后，综合考虑以上 3 个影像纹理质量的因素，通过如下公式，选择权重 W_i 最大的影像确定三角面 T_j 的最优纹理：

$$W_i = W_{a_i} \times W_{r_i} \times W_{d_i} \tag{6-11}$$

2. 马尔科夫随机场最优纹理分布

马尔科夫随机场是附加了马尔科夫性质限制的随机场，即从空间上考虑，马尔科夫随机场中的任何一个随机变量仅与其相邻节点的随机变量具有概率依赖关系。纹理映射要求被用作三角面纹理的影像，其视线方向的反方向应尽可能地接近三角面的表面法线，同时相邻三角面的纹理应该尽可能来自同一影像（Garcia-Dorado et al., 2013），因此可以利用马尔科夫随机场框架，定义数据项和平滑项来优化纹理的选择（Sinha et al., 2008；Lempitsky et al., 2007）。将所有三角面记为 $F=\{F_1, F_2, \cdots, F_k\}$，看做一个待贴标签的变量集合，将输入的影像视图记为 $L=\{L_1, L_2, \cdots, L_N\}$，为标签集合。当三角面 F_i 的标签为 L_i 时，可记作 (F_i, L_i)，其面投影在影像 L_i 中所能获取的纹理的质量可作为事件 (F_i, L_i) 发生的概率，同时当 F_i 的邻域面 F_j 的标签为 L_j 时，三角面 F_i、F_j 在各自对应的影像视图中所能获取的纹理的差异性便作为事件 (F_i, F_j, L_i, L_j) 发生的概率。

可构建如下式所示的目标函数来解决三角网格面贴标签的问题。利用数据项对用于纹理映射的影像的质量进行评判（Allène et al., 2008），利用平滑项对相邻纹理块之间的接缝严重程度进行评判，得

$$E(L) = \sum_{F_i \in F} E_{\text{data}}(F_i, L_i) + \sum_{F_i \in \text{Neighbor}(F_j)} E_{\text{smooth}}(F_i, F_j, L_i, L_j) \tag{6-12}$$

对于数据项 E_{data} 的定义，利用三角面投影到图像后的图像梯度幅值积分作为数据项（Gal et al., 2010），如果投影面积较大或梯度幅值较大则数据项也越大。

$$E_{\text{data}}(F_i, L_i) = -\delta \times \int_{\Phi_{L_i(F_i)}} \left\| \nabla (I_{L_i}(p)) \cos\theta \right\|^2 \mathrm{d}p \tag{6-13}$$

式中：δ 为三角面投影到对于影像上单位面积内的像素个数，δ 越大反映图像质量越好；$\Phi_{L_i(F_i)}$ 为面片 F_i 投影到 L_i 上的区域，采用 Sobel 算子对图像进行处理得到的该投影区域像素的梯度幅值之和。

平滑项 $E_{\text{smooth}}(F_i, F_j, L_i, L_j)$ 表示相邻的纹理块间色彩的连续程度，如果相邻三角面使用同一张影像作为纹理，那么此时的平滑项设置为 0，如果相邻的三角面所选择的纹理来自于不同的影像，则采用它们各自所在影像的灰度均值之间的差值平方作为衡量光照一致性的标准，有

$$\begin{cases} E_{\text{smooth}}(F_i, F_j, L_i, L_j) = 0; & \text{if } (L_i = L_j) \\ E_{\text{smooth}}(F_i, F_j, L_i, L_j) = (M_i - M_j)^2; & \text{if } (L_i \neq L_j) \end{cases} \tag{6-14}$$

式中：M_i，M_j 分别为影像 L_i，L_j 的均值。最后，求解能量函数 $E(L)$ 最小化的问题，可以通过 BP（belief propagation）或者 TRW-S（sequential tree-reweighted message passing）以及 GC（graphic-cut）方法（Boykov et al., 2001）。

基于多因素加权和基于 MRF 的最优纹理分布结果对比如图 6-19 所示。

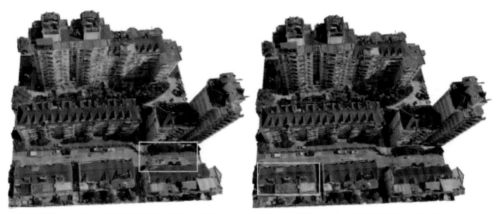

（a）基于多因素加权的最优纹理分布结果　　　　（b）基于 MRF 最优纹理分布结果

图 6-19　多视影像最优纹理分布不同方法对比图

6.3.3　纹理空洞填充

虽然众源影像具有覆盖率广，能从多个角度全方位地获取地物信息的特点，但是依然会存在很多角落，如屋檐等，无法被相机拍摄到，导致模型在进行纹理视图选择后，会存在很多不可见的三角面。为此，可采用基于边界像素的纹理空洞填充方法，将不可见面的标签设置为 0，依据三角面之间的邻接关系，将这部分面存储出来，这些不可见面并不连续，因而会在网格上形成多个小块，称之为洞（hole）。如图 6-20 表示，红色标记的三角面为不可见面，以每个洞为目标分别处理。

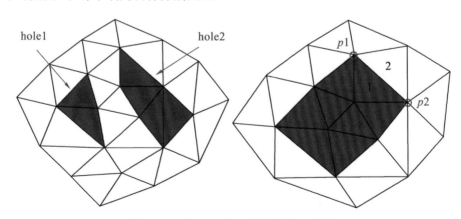

图 6-20　纹理空洞及空洞边界示意图

针对一个洞，首先查找出它的纹理边界和边界点。计算两边界点在相邻可见面上所对应的影像视图上的投影，统计出该边在影像上的颜色均值，最后计算出整个洞的边界在其各自对应的纹理影像上的颜色均值，以该均值生成一张新的纹理影像，作为将要用来填充洞的颜色值。然后计算洞边界上所有顶点在新的纹理图中的投影坐标，再内插出洞中其他内部顶点的纹理坐标（Floater，2003），即为不可见面填充上合适的纹理（图 6-21）。

图 6-21　纹理空洞填充效果细节对比图

6.3.4　纹理影像颜色调整

由于纹理映射时生成的单个彩色三维模型的不同多边形面可能来自于不同的影像，其光照和颜色的差异较大，要对颜色的差异性进行调整以提高整体的视觉效果。对此可通过对多面体内每个多边形所选择的影像进行色彩平衡从而降低颜色的差异性。刘彬等（2015）通过加权融合模型顶点的法线角度、图像视点、模型深度等信息来获得纹理像素，融合多源信息消除纹理的接缝。色彩平衡的方法有多种，如图像直方图匹配、全局色彩一致性调整以及基于 Poisson 的自适应纹理接缝融合等。

1. 图像直方图匹配

色彩平衡可以通过使用统计方法进行图像直方图匹配以减少色彩的差异，如下式所示。

$$\text{Image}^{\text{Bal}} = \left(\text{Image}^{\text{Ori}} - \mu^{\text{Ori}}\right) * \frac{\sigma^{\text{Ref}}}{\sigma^{\text{Ori}}} + \mu^{\text{Ref}} \tag{6-15}$$

式中：$\text{Image}^{\text{Bal}}$ 为色彩平衡后的影像；$\text{Image}^{\text{Ori}}$ 为原始影像；μ^{Ori} 为原始影像统计平均值，σ^{Ori} 为原始影像方差；μ^{Ref} 为参考影像的统计平均值；σ^{Ref} 为参考影像的方差。

2. 全局色彩一致性调整

全局色彩一致性调整是为了消除整个三维网格上的色彩差异，以达到全局色彩一致性的目的。如果只对裂缝边界的色彩取左右纹理块色彩的平均值，在接缝处起到了过渡效果，但还是会产生纹理块间明显的色彩差异（Velho et al.，2007）。根据多视影像最优纹理分布方案产生的标签（labeling）数组 L，得到一系列的相互连接的纹理块 $\{C_1, \cdots C_T\}$，每个纹理块由纹理取自同一张影像的相互连接的三角面组成。假设照片在每个颜色通道（RGB）上是连续函数，令 f 表示模型表面上的 RGB 分量，则利用数组 L 将照片的某个颜色通道映射到模型表面上，将在模型表面产生分段连续的函数 f（在同一纹理块连续，在两个不同的纹理块邻接的边缘处存在不连续点）。因此，纹理色彩不连续性补偿即寻找一个分段平滑函数 g，使得 $f+g$ 在整个模型表面连续，如图 6-22 所示。

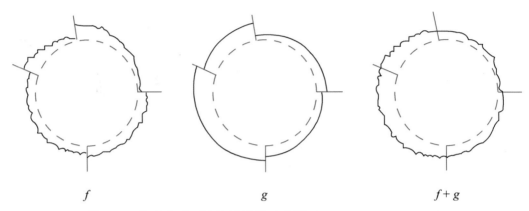

$$f \qquad\qquad\qquad\qquad g \qquad\qquad\qquad\qquad f+g$$

图 6-22　纹理色彩不连续性补偿示意图（Lempitsky et al., 2007）

为了保留分段连续函数 f 的高频信息同时平滑两邻接纹理块 C_i 和 C_j 边缘处的不连续点，分段平滑函数 g 需要满足以下两个标准：①平滑函数 g 的梯度尽可能小；②平滑函数 g 在非连续处的跳跃等于 f 的负跳跃。

在实际计算处理过程中，要进行离散化处理，由于同一个网格顶点取自不同纹理块时，其色彩值 f_v 不唯一，纹理块接缝处的每个顶点都被复制为两个顶点（Lempitsky et al., 2007），顶点 v_{left} 属于左边的纹理块，v_{right} 属于右边的纹理块，这样保证在进行色彩调整前每个顶点均有一个唯一的色彩值 f_v。然后通过最小化下面的表达式来为每个顶点附加一个改正值 g。

$$\mathop{\text{argmin}}\limits_{g} \lambda \sum_{v(v\in \text{seams})} \left[f_{v_{\text{left}}} + g_{v_{\text{left}}} - (f_{v_{\text{right}}} + g_{v_{\text{right}}}) \right]^2 + \sum_{(v_i,v_j)\in N} (g_{v_i} - g_{v_j})^2 + \mu \sum_{v(v\in \text{seams})} (g_v)^2 \qquad (6\text{-}16)$$

式中：第一项保证调整后的色彩在纹理块的左边 $f_{v_{\text{left}}} + g_{v_{\text{left}}}$ 和右边 $f_{v_{\text{right}}} + g_{v_{\text{right}}}$ 尽可能地保持一致；第二项最小化相同纹理块内相邻顶点之间的调整值 g 差异。若只考虑前两项，则得出的表达式的最小二乘解不唯一，因此引入第三项。

3. 基于 Poisson 的自适应纹理接缝融合

全局色彩调整后使模型的纹理块之间大的色彩差异得以消除，模型纹理整体色彩均匀，但是来自不同影像之间的纹理块边界始终会存在色彩、亮度的差异，为了进一步消除接缝，周漾（2013）提出了一种以纹理三角形为处理基元，以三角网之间的邻接拓扑关系进行面级别的泊松融合，建立泊松方程然后采用最小二乘方法计算出所有的变换参数，得到全局最优下的局部色彩变换，也可采用一种基于 Poisson 的自适应的边界条带调整方法。

　　泊松图像编辑（Pérez，2003）是将源图像的梯度信息作为引导场，结合目标图像的边界信息，利用插值的方法计算出所插入的图像非边界区域内的图像像素值，如图 6-23 所示。

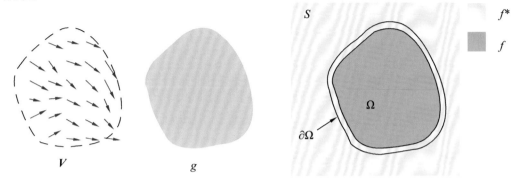

图 6-23　泊松图像编辑原理图（Pérez，2003）

　　图 6-23 中，g 为源图像，$\boldsymbol{V}$ 代表了 g 的梯度场，S 为合并后的图像，Ω 为合并后的图像中被目标图像所覆盖的区域，$\partial\Omega$ 为它的边界，f 为在合并后的图像中 Ω 区域内的像素值，f^* 为区域外的像素值。希望合并后的图像不存在明显的边界，因此 Ω 内的梯度值应该尽可能地取最小值，即求解的目标 f 应满足下式：

$$\min_f \iint_\Omega |\nabla f|^2 \; \text{with} \; f\,|_{\partial\Omega} = f^*\,|_{\partial\Omega} \tag{6-17}$$

式中：$\nabla. = \left[\dfrac{\partial.}{\partial x}, \dfrac{\partial.}{\partial y}\right]$ 为梯度运算符，根据欧拉–拉格朗日公式，f 的最小值应满足

$$\Delta f = 0 \; \text{over} \; \Omega \; \text{with} \; f\,|_{\partial\Omega} = f^*\,|_{\partial\Omega} \tag{6-18}$$

式中，$\Delta. = \dfrac{\partial^2}{\partial x^2} + \dfrac{\partial^2}{\partial y^2}$ 是拉普拉斯算子。上式是一个带狄利克雷边界条件约束的拉普拉斯方程。由于仅通过上述方法得到的插值结果会存在很大误差，与此同时，人们也需要保证源图像 g 在合并前后依然要保留自身的特征，图像在 Ω 内的像素值 f 的梯度在合并后与源图像 g 的梯度越接近，就说明原始特征保留得越好，故通过引入源图像的梯度场作为引导场进一步约束得

$$\min_f \iint_\Omega |\nabla f - \boldsymbol{v}|^2 \; \text{with} \; f\,|_{\partial\Omega} = f^*\,|_{\partial\Omega} \tag{6-19}$$

　　该公式与下面的基于狄利克雷边界条件约束的泊松方程相等。

$$\Delta f = \text{div}\boldsymbol{v} \; \text{over} \; \Omega \; \text{with} \; f\,|_{\partial\Omega} = f^*\,|_{\partial\Omega} \tag{6-20}$$

式中：$\text{div}\boldsymbol{v} = \dfrac{\partial u}{\partial x} + \dfrac{\partial v}{\partial y}$ 是 $\boldsymbol{v} = (u, v)$ 的散度。散度为一个标量，对于一个向量场 $\boldsymbol{F} = P(x, y)\,\boldsymbol{i} + Q(x, y)\,\boldsymbol{j}$，则它的散度记为 $\text{div}\boldsymbol{F}$（或 $\nabla \cdot F$），且有

$$\text{div}\boldsymbol{F} = \dfrac{\partial P}{\partial x} + \dfrac{\partial Q}{\partial y} \tag{6-21}$$

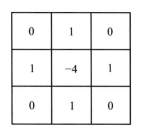

图 6-24 拉普拉斯卷积核

利用拉普拉斯卷积核（图 6-24）对图像进行卷积，便能直接求解散度。

无论图像的宽高是多大，如果已知图片的边界像素和内部其他像素点的散度值，便可以建立泊松方程，求解内部点像素值，即构建 $Ax=B$ 的方程组。其中 x 代表融合后的 Ω 内的像素值，A 为系数矩阵，B 为边界像素值和内部像素的散度值。通过在彩色图像的 RGB 三个通道上独立求解，便可求得每个像素点的值，完成泊松图像编辑。

由于生成的纹理块大小不一，采用一个固定的边界调整像素带会造成计算量过大或者达不到比较好的效果，采用一种自适应的泊松融合边界调整方法，首先统计每个纹理块的大小，计算出最大值 P_{max} 和最小值 P_{min}，再将所有纹理块大小归一化，将自适应的新的边界条带宽度定义为

$$\text{STRIP}_{\text{SIZE}} = \frac{\dfrac{P_i - P_{min}}{P_{max} - P_{min}}}{0.5} \times 20 \tag{6-22}$$

考虑边界条带过小会影响接缝调整效果，边界条带过大会降低效率，如图 6-25 所示，因此为新的边界条带设置阈值，使其控制在（$10 \leqslant \text{STRIP}_{\text{SIZE}} \leqslant 40$）范围内。

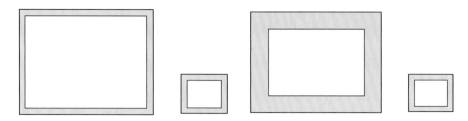

图 6-25 纹理块边界条带示意图

在得到调整的边界条带宽度 $\text{STRIP}_{\text{SIZE}}$ 后，使用该条带内环和外环的像素值作为 Poisson 方程的边界条件，外环的像素值取附加到该纹理块的影像和其相邻纹理块影像的像素值的平均值，内环的像素值采用附加到该纹理块的影像的当前值，如果纹理块太小，则忽略内环，对整个纹理块进行泊松图像编辑。

6.3.5　纹理排样

在经过上述纹理映射过程之后，会从多视影像中提取出许多只包含有效区域的小纹理块，每个小纹理块与三维网格曲面的特定部分相对应。为了有助于传输或存储，避免独立发送或保存所有小图像，来自于不同视角影像的有效区域（与模型对应的纹理片元）信息需要打包在一起组成模型的纹理地图集。考虑到纹理地图集中的每一个小纹理块，实际上由三个自由量就可决定其在纹理地图集中的排放：纹理块左上角的坐标（x, y）和表示纹理块是否旋转的 bool 型变量 r。因此，采用这三个变量，记录下排样过程中这些小

纹理块在纹理地图集中的相对位置，纹理地图集生成好后，结合小纹理块本身的宽高信息，重新更新对应的贴图坐标，就能利用新的纹理地图集更新三维模型的纹理。

　　贾志欣等（2002）提出了"最低水平线法"，但当求解规模比较大时，比较耗时。于是采用一种改进最低水平线法的贪心矩形纹理自动排样方法。首先对原始的矩形小纹理块进行处理，如果纹理块的高度大于宽度，则将图片逆时针旋转 90°，保证 $W_i > h_i$。小纹理块排放的优先级按 $P_i = 0.85 \times w_i + 0.15 \times h_i (i = 1, 2, \cdots, n)$ 计算，各小纹理块按优先级从大到小排序。依序将纹理块排入左上角，排入新纹理块后，由新纹理块的右下角坐标平行 x 轴射出一条射线，将纹理地图集空间分成上下两部分。然后对上部矩形区域，采用贪心策略遍历小纹理集，如果存在小纹理块的宽和高都小于上部矩形区域的宽和高，则将该纹理排入纹理地图集中。否则，转入下部矩形区域的判断。如果待排纹理块集合不为空且纹理地图集中排不下任何待排纹理块，则创建一张新的纹理地图集，继续小图的排样，直到待排的小纹理块集合为空，如图 6-26 所示。

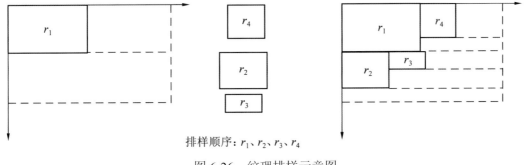

排样顺序：r_1、r_2、r_3、r_4

图 6-26　纹理排样示意图

　　纹理打包生成纹理地图集后，物方空间与纹理空间的对应关系已不再和物方空间与影像空间一样，存在透视投影关系，因此需要建立一个归一化的纹理坐标（UV 坐标），通过上述排样过程的对应纹理块位置信息进行相应纹理坐标的更新，生成与纹理地图集对应的最终纹理坐标（u, v）。

6.4　空地一体化联合建模方法

　　目前而言，空地一体化自动建模主要应用于替代传统手工三维建模，即采用自动化的方式由计算机生成三维模型。自动化建模是基于图形运算单元进行快速三维模型的构建，通过摄影测量原理对获得的众源影像数据进行几何处理、多视匹配、三角网构建、自动赋予纹理等步骤，最终得到三维模型。该过程仅依靠简单连续的二维图像，就能还原出最真实的真三维模型，无需完全依赖于激光点云扫描辅助设备、POS 定位系统，也无须人工干预便可以完成海量三维模型的批量处理。

　　目前市面上比较成熟的全自动三维建模软件有 Acute3D 公司的 Smart3DCapture（现

更名为 ContextCapture)、Skyline 公司的 Photomesh 软件和 AirBus 公司的街景工厂（StreetFactory）等。

通过众源影像自动构建的不规则三角网模型会受到影像质量、拍摄角度、光照、重叠度和存在着未拍摄到的区域等多种因素的影响，其模型质量往往不能达到令人满意的效果，尤其是在遮挡或者屋顶、近地面部分存在着较大的瑕疵。为了得到更加精确的模型，往往结合已构建的不规则三角网模型，通过后期人工交互的方式修饰模型，从而得到质量较高的模型。目前常用的空地一体化联合建模系统，能够快速地利用摄影测量工作站的方式完成众源影像的绝对定向工作，利用多角度影像进行自动及半自动快速模型建模，并对建成的模型进行全自动化贴图。除此之外，这些系统大多还具备以下功能：联合众源影像、航空影像、地面近景拍摄的影像和绝对定向参数；提供多种观察视图和建模工具，使得交互简单；完成具有精确尺寸和位置的三维模型构建。

一般情况下，当建筑物等地物自动化三维重建的几何精度和纹理精度不理想时，可通过影像建模与人工交互建模相结合的方式，恢复建筑物的几何结构，进一步采用自动纹理映射的方法获取纹理。以下从两种不同影像来源来介绍空地一体化三维建模的方法。

6.4.1　航空影像与地面近景影像联合建筑物建模

航空影像可以获取到较为完备的建筑物屋顶影像数据，但其建筑物立面信息欠佳，而地面近景影像（手机采集或网络中获取的影像）具备丰富的建筑物立面信息，一般不具有建筑物屋顶信息，因此可以通过两者结合的方式构建较为详细的建筑物三维模型。

首先，通过航空影像和地面近景影像的定向结果、空三结果在影像上对建筑物屋顶的轮廓进行勾勒，再通过推拉等操作恢复建筑物屋顶的几何结构，如图 6-27 所示。

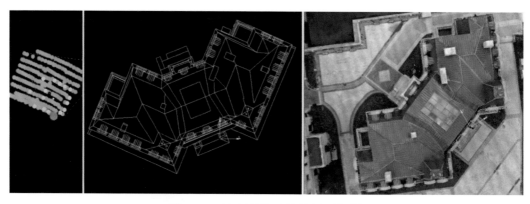

图 6-27　航空影像建筑物屋顶勾勒

其次，因航空影像和地面近景影像已经过定向，两者均在同一坐标系下，可根据地面近景影像获取的建筑物立面信息以及部分航空影像，结合已构建好的屋顶结构，在地面近景影像或部分倾斜航空影像上勾勒出建筑物的立面信息，经过推拉等操作后构造出建筑物立面结构,从而生成完整的建筑物白模,最后根据单体化建筑物纹理映射方法进行贴图,获取彩色建筑物三维模型,如图 6-28 所示。

图 6-28　航空影像与地面近景影像联合建模

6.4.2　航空影像与街景影像联合建筑物建模

移动测量系统利用定位、定姿和成像等传感器在移动状态下自动采集定位、定姿及影像数据,从而获取三维重建所需要的影像序列及其所对应的外方位元素。移动测量系统因其具备快速方便的获取街景影像及其相应的地理参考信息、分辨率较高、边缘特征精确和视场角较大等优势,使得航空影像与街景影像联合建模成为可能,解决了单独通过航空影像或者街景影像进行建模造成的模型细节缺失问题。

航空影像与街景影像联合建模方法和航空影像与众源影像联合建模方法类似,需要通过多角度观察进行。如图 6-29 所示,分别采用街景影像[6-29(a)]和航空影像[6-29(b)]对一建筑物屋顶进行重建。

(a)街景影像建筑物立面重建

图 6-29　航空影像与街景影像建筑物屋顶重建

（b）航空影像建筑物屋顶重建

图 6-29　航空影像与街景影像建筑物屋顶重建（续）

建筑物屋顶重建完成后，结合街景影像进行建筑物的立面重建并进行纹理映射，结果如图 6-30 所示。

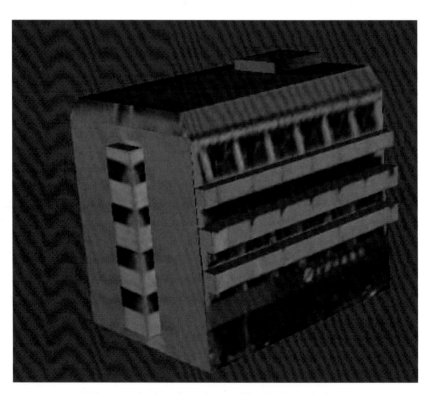

图 6-30　航空影像与街景影像建筑物重建结果

6.5　本 章 小 结

本章介绍了利用众源影像进行建筑物三维建模的理论和方法。首先，简要概述了利用离散点云进行三维 mesh 构建的几种方法，并进行了对比实验；其次，介绍了建筑物点云面片分割及优化的方法和流程；然后，阐述了在获得建筑物三维单体化几何模型之后，利用影像对进行纹理映射的思路；最后，阐述了利用航空影像、地面近景影像和街景影像进行空地一体化联合建模的方法。

参 考 文 献

贾志欣, 殷国富, 罗阳., 2002. 二维不规则零件排样问题的遗传算法求解. 计算机辅助设计与图形学学报, 14(5): 467-470.

李逢春, 龚俊, 王青, 2006. 基于三维 tin 的精细表面建模方法. 计算机应用研究, 23(8): 159-161.

刘彬, 陈向宁, 薛俊诗, 2015. 多参数加权的无缝纹理映射算法. 中国图象图形学报, 20(7): 929-936.

罗周全, 罗贞焱, 张文芬, 等. 2015. 复杂采空区激光扫描拼合散乱点云球面投影三角剖分算法.工程科学学报, 37(7): 823-830.

王青, 王融清, 鲍虎军, 等, 2000. 散乱数据点的增量快速曲面重建算法. 软件学报, 11(9): 1221-1227.

郑顺义, 苏国中, 张祖勋., 2005. 三维点集的自动表面重构算法.武汉大学学报(信息科学版), 30(2): 154-157.

周漾, 2013. 馆藏文物纹理重建与组织关键技术研究. 武汉: 武汉大学.

ACKERMANN S, MIELE D, RIZZARDI M, et al., 2007. 3D modelling da dati LiDAR. Atti 11a Conferenza Nazionale ASITA, Centro Congressi Lingotto, Torino.

ADAMS R, BISCHOF L,1994. Seeded region growing. IEEE Transactions on Pattern Analysis & Machine Intelligence, 16(6): 641-647.

ALLÈNE C, PONS J P, KERIVEN R, 2008. Seamless image-based texture atlases using multi-band blending. ICPR (2008)19th International Conference on Pattern Recognition, IEEE: 1-4.

AWWAD T M, ZHU Q, DU Z, et al., 2010. An improved segmentation approach for planar surfaces from unstructured 3D point clouds. Photogrammetric Record, 25(129): 5-23.

BERNARDINI F, MITTLEMAN J, RUSHMEIER H, et al., 1999. The ball-pivoting algorithm for surface reconstruction. IEEE Transactions on Visualization & Computer Graphics, 5(4): 349-359.

BOLLE R M, VEMURI B C,1991. On three-dimensional surface reconstruction methods. IEEE Transactions on Pattern Analysis & Machine Intelligence(1): 1-13.

BOYKOV Y Y, JOLLY M, 2001. Interactive graph cuts for optimal boundary & region segmentation of objects in N-D images. Proceedings Eighth IEEE International Conference on Computer Vision, ICCV 2001, Vancouver, BC, Canada(1): 105-112.

BRETAR F, ROUX M, 2005. Extraction of 3D planar Primitives from Raw Airborne Laser Data: a Normal Driven RANSAC Approachapproach. IAPR Conference on Machine Vision Applications, DBLP: 452-455.

CARR J C, BEATSON R K, CHERRIE J B, et al., 2001. Reconstruction and representation of 3D objects with radial basis function. Proceedings of the 28th Annual Conference on Computer Graphics and Interactive Techniques: 67-76.

CHAUVE A L, LABATUT P, PONS J P, 2010. Robust piecewise-planar 3D reconstruction and completion from large-scale unstructured point data. 2010 IEEE Conference on Computer Vision and Pattern Recognition (CVPR), IEEE: 1261-1268.

CHEN D, ZHANG L, LI J, et al., 2012. Urban building roof segmentation from airborne lidar point clouds. International Journal of Remote Sensing, 33(20): 6497-6515.

DELONG A, OSOKIN A, ISACK H N, et al., 2012. Fast approximate energy minimization with label costs. International Journal of Computer Vision, 96(1): 1-27.

DORNINGER P, NOTHEGGER C, 2007. 3D segmentation of unstructured point clouds for building modelling. International Archives of the Photogrammetry, Remote Sensing and Spatial Information Sciences, 35(3/W49A): 191-196.

EDELSBRUNNER H, MÜCKE E P, 1994. Three-dimensional alpha shapes. ACM Transactions on Graphics (TOG), 13(1): 43-72.

FLOATER M S, 2003. Mean value coordinates. Computer Aided Geometric Design, 20(1): 19-27.

FRUEH C, SAMMON R, ZAKHOR A, 2004.Automated texture mapping of 3D city models with oblique aerial imagery. 2nd International Symposium on 3D Data Processing, Visualization and Transmission (2004), Proceedings. IEEE: 396-403.

GAL R, WEXLER Y, OFEK E, et al., 2010. Seamless montage for texturing models. Computer Graphics Forum, 29(2): 479-486.

GARCIA-DORADO I, DEMIR I, ALIAGA D G, 2013. Automatic urban modeling using vol-umetric reconstruction with surface graph cuts. Computers & Graphics, 37(7): 896-910.

GEORGE P L, BOROUCHAKI H, 1998. Delaunay triangulation and meshing: Application to Finite Elements. Hermes: 311-315.

GRAMMATIKOPOULOS L, KALISPERAKIS I, KARRAS G, et al., 2007. Automatic multi-view texture mapping of 3D surface projections. Proceedings of the 2nd ISPRS International Workshop 3D-ARCH: 1-6.

HOPPE H, DEROSE T, DUCHAMP T, et al., 1992. Surface reconstruction from unorganized points. Conference on Computer Graphics and Interactive Techniques: 71-78.

ISACK HOSSAM, BOYKOV YURI, 2012. Energy-based geometric multi-model fitting. International Journal of Computer Vision, 97(2): 123-147.

KAZHDAN M M, BOLITHO M, HOPPE H, 2006. Screened poisson surface reconstruction. Eurographics Symposium on Geometry Processing, Cagliari, Sardinia, Italy, June, 2006: 61-70.

KRIEGEL H P, KRÖGER P, SCHUBERT E, et al., 2008. A general framework for increasing the robustness of PCA-based correlation clustering algorithms. Scientific and Statistical Database Management, 418-435.

LABATUT P, 2009. Labeling of Data-Driven Complexes for Surface Reconstruction. Paris: Université Paris-Diderot-Paris VII.

LANCASTER P, SALKAUSKAS K, 1981. Surfaces generated by moving least squares methods. Mathematics of computation, 37(155): 141-158.

LARI Z, HABIB A F, KWAK E, 2011. An Adaptive Approach for Segmentation of 3D Laser Point Cloud. ISPRS-International Archives of the Photogrammetry, Remote Sensing and Spatial Information Sciences; Calgary, Canada: 103-108.

LEMPITSKY V, IVANOV D, 2007. Seamless Mosaicing Mosaicing of ImageImage-Based Based Texture Texture MapsMaps//2007 IEEE Conference on Computer Vision and Pattern Recognition. IEEE

Computer Society: 1-6.

LIN H W, TAI C L, WANG G J, 2004. A mesh reconstruction algorithm driven by an intrinsic property of a point cloud. Computer-Aided Design, 36(1): 1-9.

PÉREZ P, GANGNET M, BLAKE A, 2003. Poisson image editing. ACM Transactions on Graphics, 22(3): 313-318.

PHAM T R, CHIN T A J, YU J, et al., 2014. The random cluster model for robust geometric fitting. IEEE Transactions on Pattern Analysis and Machine Intelligence, 36(8): 1658-1671.

SAMPATH A, SHAN J, 2010. Segmentation and reconstruction of polyhedral building roofs from aerial lidar point clouds. IEEE Transactions on Geoscience and Remote Sensing, 48(3): 1554-1567.

SCHMITT F J, BARSKY B A, DU W H, 1986. An adaptive subdivision method for surface-fitting from sampled data. ACM SIGGRAPH Computer Graphics, 20(4): 179-188.

SCHNABEL R, WAHL R, KLEIN R, 2007. Efficient RANSAC for point-cloud shape detection. Computer Graphics Forum, 26(2): 214-226.

SINHA S N, STEEDLY D, SZELISKI R, et al., 2008. Interactive 3D architectural modeling from unordered photo collections. ACM Transactions on Graphics (TOG), 27(5): 1-10.

STILLA U, KOLECKI J, HOEGNER L, 2009.Texture mapping of 3d 3D building models with oblique direct geo-referenced airborne IR image sequences//ISPRS Workshop: High-Resolution Earth Imaging for Geospatial Information, 1: 4-7.

VELHO L, SOSSAI J R, 2007. Projective texture atlas construction for 3D photography. The Visual Computer, 23(9-11): 621-629.

VO A V, TRUONG-HONG L, LAEFER D F, et al., 2015. Octree-based region growing for point cloud segmentation. ISPRS Journal of Photogrammetry and Remote Sensing, 104: 88-100.

WAECHTER M, MOEHRLE N, GOESELE M, 2014. Let There Be Color! Large-Scale Texturing of 3D Reconstructions// Fleet D, Pajdla T, Schiele B, et al., eds. Computer Vision: ECCV 2014. Lecture Notes in Computer Science, 8693: 836-850.

WHITAKER R, BREEN D, 1998. Level-set models for the deformation of solid objects. Proceedings of the Third International Workshop on Implicit Surfaces: 19-35.

XIONG B, OUDE ELBERINK S, VOSSELMAN G, 2014. A graph edit dictionary for correcting errors in roof topology graphs reconstructed from point clouds. ISPRS Journal of Photogrammetry and Remote Sensing, 93: 227-242.

YAN J, SHAN J, JIANG W, 2014. A global optimization approach to roof segmentation from airborne lidar point clouds. ISPRS Journal of Photogrammetry & Remote Sensing, 94(8): 183-193.

YOU R J, LIN B, 2011. Building feature extraction from airborne lidar data based on tensor voting algorithm. Photogrammetric Engineering and Remote Sensing, 77(12): 1221-1232.

ZHANG K Q, YAN J H, CHEN S C, 2006. Automatic construction of building footprints from airborne LIDAR data. IEEE Transactions on Geoscience and Remote Sensing, 44(9): 2523-2533.